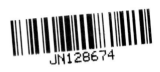

AUTOMATED DRIVING
Systems and Technologies

自動運転

第2版

システム構成と要素技術

保坂明夫
青木啓二 共著
津川定之

森北出版株式会社

はじめに

長い間，自動運転は自動車にとって究極の夢といわれてきた．社会ニーズの高まりと技術の進展により近い将来に実現されることが期待できるようになってきて，多くの関係者が積極的に研究開発に取り組むようになってきた．

本書は，自動運転が必要とされる背景，これまでの研究開発の取り組みの歴史，自動運転の技術，自動運転技術の応用，自動運転の課題についてまとめ，自動運転の研究開発に取り組む人達の基本的知識として利用していただくことを目的としている．教科書的に利用できるように自動運転の全体像を体系的に記述した．

自動車は，出発地から目的地までのトータルで考えると大変便利な交通手段であり，社会生活の高度化に大きく貢献している．しかし，その普及に伴い安全（交通事故），交通渋滞，燃料消費，排気ガスなどの社会的課題が発生している．

現在の自動車は，運転に関する外界情報の検出と状況認識（認知），状況ととるべき行動の判断（判断），運転制御目標の生成（計画），運転制御操作（操作）などの情報処理と操作のほとんどすべてをドライバが行っている．人間は大変優れた情報処理能力と操作能力をもっているが，人間の能力や注意力には限界があり，多くの問題の主要因となっている．たとえば，安全について，事故の原因はドライバの発見の遅れや判断の誤りによるものが9割以上といわれている．交通渋滞についてもドライバに起因することが多い．その結果，燃料消費，排気ガスなどの悪化をまねいている．

運転の基本機能は，人間の行動の基本機能と同じく「認知」「判断」「計画」「実行（操作)」である．自動車関係者の間では，これらの機能を「認知」「判断」「操作」としてまとめることが通例であるので，判断と計画を一つにまとめて扱う．自動車が，これらの機能のほとんどすべてをドライバに代わって行う高度な機能を備えることで，ドライバの運転を支援・代行して安全で，円滑で，環境に調和した自動車交通を実現する「自動運転」の早期実現が期待されている．

本書で扱う自動運転システムは，車両の縦方向制御（加速，減速，速度制御）と横方向制御（車線維持，車線変更）をシステムが自動で行うものである．その際に，人間（ドライバ）が運転席にいていつでもすぐに運転を取って代わることができるように注意しているシステムから，ドライバは通常は運転から解放されているが環境や交通状況などから自動運転継続が困難であるとシステムが判断してドライバに運転を戻すシステム，さらにすべて自動でシステムが行うもの（完全自動運転）まで含める．車の自動運転が役立つところは広範囲で，道路を走る車だけでなく，工場や飛行場など特別に専用的環境が確保されている場所の車や戦場の地雷原のような危険な場所を走る車，さらに惑星探査の車など多くの場面における自動運転が開発されているが，本書は道路を走行する自動車の自動運転に限定して述べる．

運転に関する機能は，目的やするべきことが決まったあとにリアルタイムに実行する反射的機能（小脳的機能）と，運転を開始する前あるいは運転中に今後の行動を考えて実行する思考的機能（大脳的機能）の二つがある．これまでの研究開発や近い将来の実用化は前者が対象であるので，本書でも主に前者を対象として記述するが，運転のすべてを自動化する場合は後者も必要になる．今後の課題などは後者も含めて記述する．

著者は，1970 年代の知能自動車から PVS（Personal Vehicle System），IMTS（Intelligent Multimode Transit System），AHS（Advanced cruise-assist Highway Systems），さらにエネルギー ITS などの多くの自動運転システムの研究開発や関連プロジェクトに長年たずさわってきた．本書は，それらにおける経験・知見をもとに執筆されている．

2015 年 5 月　　著　者

■改訂版発行にあたって

本書の初版を上梓したのは 2015 年のことであったが，幸いにして多くの読者に恵まれ，3 刷を重ねることができた．ところが，その後の研究開発の進展が著しく，自動運転の基本的なシステム構成や要素技術は変わらないものの，運転支援システムの商品化が進み，実用化を見据えた自動運転システムの実証実験が多く実施されている．技術面では人工知能の活用，センシング機能の向上，制御技術の高度化などが進んでいる．また，自動化レベルの共通理解が進み，関連する標準・基準・法規なども整備されつつある．一方で，高度の自動化には多くの課題があることも明らかとなっている．これらの状況をふまえ，このたび改訂版を上梓することとなった．

なお，本書第 2 版では，ヒューマンドライバが運転中に行う認知，判断，操作の一部を機械が代行するものを「運転支援」，認知，判断，操作の全部を機械が代行するものを「狭義の自動運転」，「運転支援」と「狭義の自動運転」をあわせて「広義の自動運転」と定義している．

2019 年 3 月　　著　者

目　次

第 1 章

自動運転の概要

本章では，現在の自動車交通の課題，それを解決するために必要な自動運転とその期待される効果について述べる．続いて，自動運転に必要な機能とそれを実現する方法，とくにドライバと車の関係など自動運転の概要について述べる．

1.1 自動車交通の現状と課題

自動車は，出発地から目的地までのトータルで考えると大変便利な交通手段であり，社会生活の高度化に大きく貢献している．しかし，その普及に伴い安全（交通事故），交通渋滞，燃料消費，排気ガスなどの社会的課題が発生している．また，地方では公共交通機関が充実しておらず，多くが自家用車による交通に頼っているが，高齢化に伴い自ら運転することが困難になり，移動の自由（モビリティ）が確保できなくなってきている．

1.1.1 安全（交通事故）の問題

（1）現状

交通事故の死者数は減少しているが，年間 50 万件弱の事故が発生し，4 千人近い死者と 60 万人近い負傷者が発生し，依然大きな社会問題になっている（図 1-1）．死傷者が発生せず届けられていない物損事故は，その数倍発生しており，損害額は年間約 60 兆円にのぼると算出されている[1]．

事故には直接つながらないにしても，ヒヤリハットとよばれる危険状態を経験することはよくある．もっと安心して運転したいという思いは，多くのドライバにとって共通の願いである．とくに，高齢者など運転が苦手になっている人にとっては大きな課題である．安心に関する技術的課題は，交通事故を防止するための安全に関する技術的課題と共通するので，本書では安心を安全の項の中で取り扱う．

（2）原因

交通事故の要因は，図 1-2 に示すように大半がドライバによる人的エラーによるも

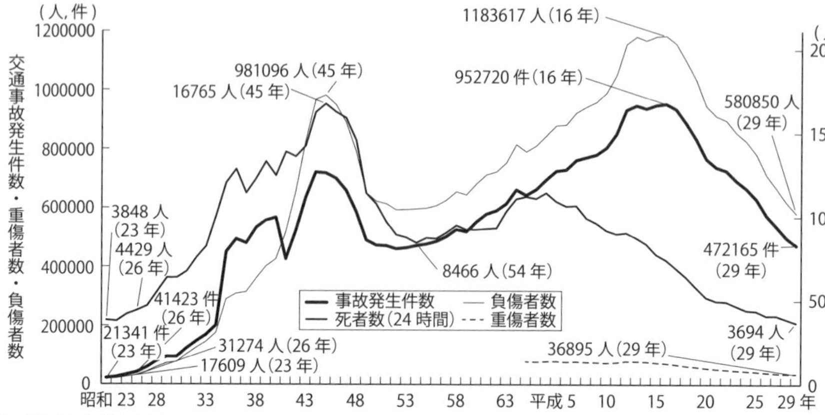

注 1 警察庁資料による.
2 昭和 41 年以降の件数には, 物損事故を含まない. また, 昭和 46 年までは, 沖縄県を含まない.
3「死者数 (24 時間)」とは, 交通事故によって, 発生から 24 時間以内に死亡したものをいう.

図 1-1　交通事故の発生状況（文献[2]をもとに著者作成）

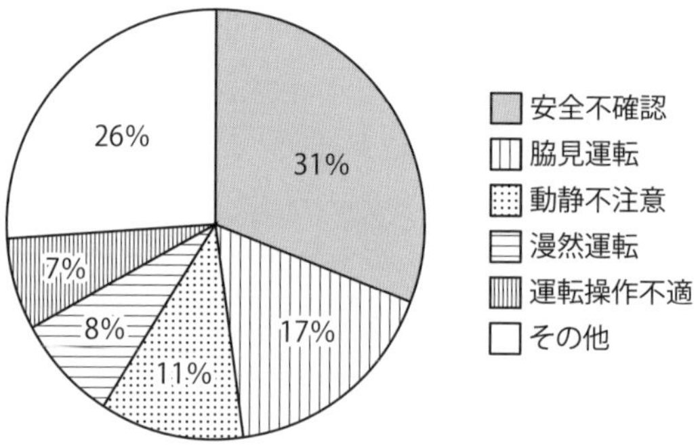

図 1-2　交通事故の要因（文献[2] p.32 データをもとに著者作成）

のである．その内訳は，安全不確認や脇見運転などの認知ミス，動静不注意や漫然運転などの判断の誤り，運転操作不適などの操作の誤りが主要な原因である．これらの中でも，とくに認知ミスと判断の誤りが大きな割合を占めている．認知のミスは，見誤りや脇見などによって停止車両などの障害物を見落としたり，気付くのが遅れたりして事故になるものである．判断の誤りは，障害物を見つけてはいるけれども，他車両との位置関係や行動予測を読み間違えて事故になるものである．操作の誤りは，ハンドルやブレーキの操作が不適切で，曲がりきれなかったり止まりきれなかったりして事故になるものである．そのほか，健康状態不良は，文字通り体の調子が悪くて適切に運転できないものであるが，極端な場合には運転中に心臓麻痺や脳梗塞などで運転が不可能になるケースがある．東海大学医学部法医学教室による，1994 年からの

3年間における交通事故死者182例の法医学解剖の結果では，5%強の10例が「運転中の突然死」が死因とされた[3]．木林らの研究によると，交通事故の死者の8%程度が運転中の突然死であった[4]．これは，従来の「運転中の内因性急死は頻度的に稀であり，人身事故の原因となることはまずない」という考えを覆すものであり，今後の高齢社会の進展に伴って深刻な問題になっていくことが予想される．

交通事故の削減には，これらの人的エラーをなくすことが必要である．ドライバ教育や危険な運転を体験できる講習などで能力の向上を図っているが，十分ではない．人間は素晴らしい能力をもっているが，長時間高い集中力を保つことは難しい．また，勘違いやうっかりしてミスを犯すこともある．2017年のデータによると，日本の交通事故の発生件数は年間約47万件で，自動車の走行距離は約7400億kmである．これから，交通事故は自動車が約160万km走行するごとに1件発生していることになる．年間4万kmの走行を40年間続けていると，一度は事故にあう確率である．頻繁に運転する人は，一生に一度くらいは交通事故にあう確率があるということである．

1.1.2 渋滞の問題

(1) 現状

交通渋滞は，大きな社会問題である．国土交通省によると，平成14年度の我が国の交通渋滞による損失は，1年間でのべ約38.1億人時間，費用に換算して12兆円と推計されていた．その後，ETCの普及で少し減少していると考えられるが，日本にとって依然大きな損失である（図1-3）．首都圏に限れば2017年のデータが存在するが，調査が困難なため全国規模では古いデータしか存在せず，いずれにせよ現在でも渋滞の経済的損失は年間およそ数兆円に達すると推定される．

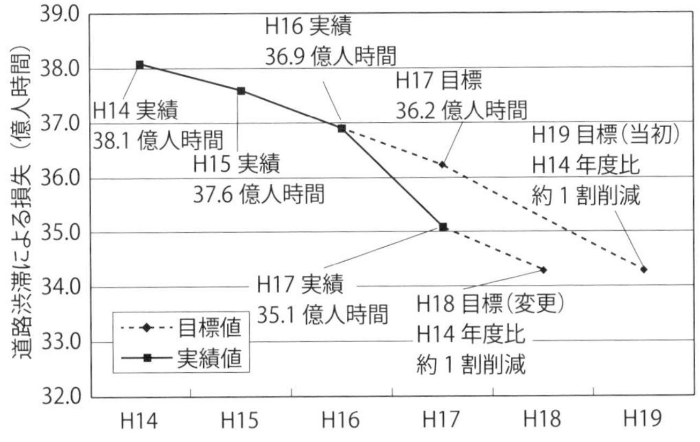

図1-3 渋滞発生状況[5]

(2) 原因

交通渋滞は，交通容量の不足に起因するものとドライバの行動に起因するものとがある．交通容量の不足に起因する渋滞は，ボトルネックとよばれる交通容量が少ない場所に，その容量を超える交通量が発生したときに，交通がさばききれないで渋滞が発生する．ETC（Electronic Toll Collection system，料金自動収受システム）の導入によって，料金所がボトルネックとなる高速道路本線の渋滞は大幅に減ってきているが，ドライバの行動に起因する渋滞は減っていない．ドライバの行動に起因するものは，道路の交通容量は足りているが，ドライバの行動によって人為的に交通容量が低下する状態が起こり，渋滞が発生するものであり，以下のようなケースがある．

- ドライバが原因の交通事故による渋滞
- トンネル入り口の心理的不安による減速が連鎖的に影響して発生するトンネル渋滞
- 緩やかな登り坂の入り口など道路勾配が変化する場所（サグとよぶ）において，無意識の減速が後続車に拡大的に影響して発生するサグ渋滞
- 交通事故などの見物による見物渋滞
- 交通が混んでくると，追い越し車線のほうが速く走ることができると思い込み，図 1-4 に示すように追い越し車線に車が集中する．そのために流れが乱れて渋滞が発生する車線偏り渋滞

図 1-4　渋滞発生直前の追い越し車線への車の集中（AHS 研究組合研究資料）

1.1.3　燃料消費の問題

(1) 現状

自動車による燃料消費はガソリンと軽油あわせて約 7.7 億 kL（2017 年度）で，日本全体のエネルギー消費の約 8 %を占めている．地球温暖化ガス（CO_2）削減が厳し

く求められている中，その排出量に大きな影響を与えている．CO_2 以外の排気ガスについても自動車の影響が大きい．燃料消費を減らすと排気ガスの削減につながるので，エンジン本体の改良などにより燃料消費削減が図られているが，一方で，ドライバの走り方の改善による燃料消費削減も求められている．

（2）原因

自動車の燃料消費は, 主に走行抵抗（エネルギーを消費する側）とエンジン効率（エネルギーを供給する側）によって決まる．

a）走行抵抗に関する燃料消費の悪化

走行抵抗は車両本体やタイヤなどによって決まる部分が多いが，走り方による影響も少なくない．走行抵抗の主なものは以下の四つである．

- ころがり抵抗
- 空気抵抗
- 勾配抵抗
- 加速抵抗

このうちの空気抵抗と加速抵抗は, ドライバの走り方によって増加することがある．人間は抵抗を考慮した最適な走行ができるわけではなく, 燃料の無駄が発生している．

b）エンジン効率に関する燃料消費の悪化

エンジン効率はエンジン本体の構造や性能によって決まる部分が多いが，エンジンの使い方による影響も少なくない．エンジン効率は速度や負荷によって大きく変化する．普通のドライバは効率の良い走り方を知らず，燃料の無駄が発生している．

1.1.4　快適・利便に関する問題

（1）現状

長時間・長距離の運転はドライバにとってつらいものである．混雑時など一瞬たりとも気が抜けないような緊張状態での運転は，ドライバにとってストレスとなる．

また，自動車は便利なものであるが，さまざまな事情でこの利便性を享受できない人達がいる．日本の都会では公共交通機関が整っているが，地方では採算性の問題もあり公共交通機関が整っておらず, 自家用車による移動が中心になっている．しかし, 高齢者は運転能力が衰えて自分で運転するのが困難になり，自動車交通の利便性を享受できない．運転にかかわる身体能力が不十分な人達も同様である．視覚や聴覚などに関する身体障害者は，自分で自動車を運転して移動したいという希望をもっていても，現状では自動車を運転することができない．

（２）原因

短時間でも注意が途切れると事故が起こる可能性が高くなるので，注意力を連続的に維持する必要がある．運転に必要な能力は視覚，聴覚，判断力，操作力などであるが，高齢になるにつれてこれらの能力，とくに判断や操作の反応が遅くなる．運転に必要な能力が不十分な障害者に対しても，現在の自動車はその能力を補う機能を備えていない．

1.2 自動運転の目的・ニーズ

前節で紹介した自動車交通の課題を解決するために，自動運転が期待されている．以下にその目的・ニーズなどの考え方を述べる．

ここでは，自動運転を運転における基本的制御機能である縦方向の制御（速度や車間距離の制御）と，横方向の制御（車線維持，車線変更，右左折などの制御）の両方を同時に行うものを，自動運転とする．すなわち，アクセルとブレーキとステアリングを同時に自動的に制御するシステムを対象とする．

自動運転には，自動車とドライバの役割分担の関係に応じてさまざまなレベルがあり，詳細は 1.4 節で述べる．各レベルに共通する大きな特徴は以下の二つである．

- システムは確実に決められたことを実行する．ドライバのように，疲れによる能力低下，うっかりミス，勘違いなどを犯すことがないので，事故を減らしたり人的な要因による渋滞を減らしたりすることができる．
- システムは高い能力で運転操作ができる．通常のドライバには困難な，安定した車速維持，短い車間距離での走行，素早い反応での運転などができる．

これらにより多くの問題を解決することができる．

1.2.1 安全性の向上

1.1.1 項で述べたように，交通事故の原因の大半はドライバの人的エラーであり，そのエラーは認知ミス，判断ミス，操作ミスである．自動運転は，認知，判断，操作をシステムが行い，ドライバのこれらのミスによる事故の発生を防止する．また，健康状態不良による事故も防止する．

（１）認知ミスの防止

認知ミスの多くは発見の遅れである．ダイムラーベンツがさまざまな衝突事故を分析した結果によれば，事故を起こしたドライバが，危険を認知した時刻より，あと 0.5

秒早く危険を認知できていれば50%の事故が回避でき，1秒早ければ90%が回避できた可能性があるとしている[6]．自動運転や運転支援システムの研究開発を目的に設立されたAHS研究組合（2.3.3項参照）における調査研究の結果では，前方の障害物を衝突より約4秒前に発見できれば90%の衝突事故を回避でき，5秒前ならほとんどの衝突事故が回避できることがわかった（図1-5）[7]．

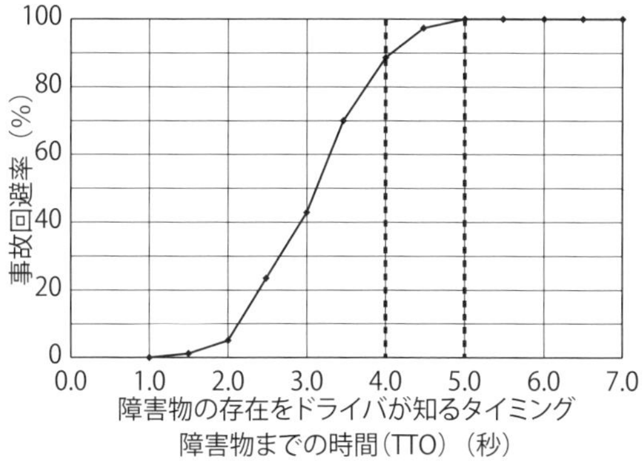

図1-5　障害物発見タイミングと事故回避率（出典：AHS研究組合研究資料）

図1-5はAHS研究組合による調査研究結果に基づくもので，ドライバが障害物を認識する反応時間の分布，ブレーキ操作反応時間の分布，ドライバが操作して発生させる減速度の分布をドライビングシミュレータの実験などから求めた．また，事故統計データから危険認知速度の分布を求め，これらを組み合わせて障害物に到達するまでの時間と事故回避の確率の関係を算出したものである．

自動運転では，カメラやレーダで障害物を素早く発見することができ，脇見などでドライバによる発見が遅れるようなケースをカバーすることができる．その他に，注意力の低下（覚醒度の低下）に伴う認知の遅れや，勘違いによる認知ミスなどもセンサの認知能力でカバーできる．

ドライバからは死角になっている場所の障害物を，路側のセンサや他の車が発見して，通信によって伝えて衝突を防ぐこともできる．たとえば，図1-6に示すようなカーブで見通しがきかない場所に停止車両が存在する場合に，カーブに設置した路側のセンサで停止車両を検出して，近づいてきている車に通信で伝えるというような，路車協調による衝突防止を行うこともできる．

図の場合，半径100 mのカーブを走行しているケースを想定する．道路車線幅は3 mで，カーブの内側1 mの場所に壁などのブラインドが存在するものとする．この場合，道路中央位置が見通せる距離（視距）Lは約50 mである．たとえば，車両

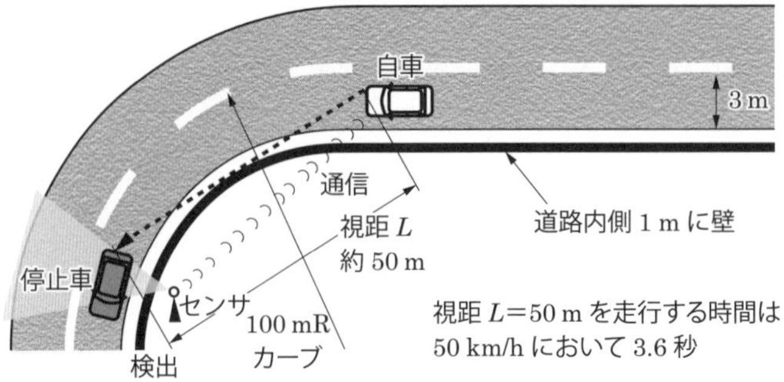

図 1-6　カーブにおける障害物と路側センサによる検出

が 50 km/h（＝ 13.89 m/s）で走行しているとすると，50 m 先の地点までカーブを描いて走行するのは約 3.6 秒である．なお，50 km/h で半径 100 m のカーブを走行するときの横加速度は約 1.9 m/s^2（約 0.2 G）であり，きついと感じるような走行速度ではない．この視距が安全にどのように影響するかを検討する．

図 1-7 は，図 1-5 をこのケースにあてはめて，障害物を発見するタイミングと事故回避の可能性の関係を示すものである．この図から，3.6 秒前に障害物を発見した場合の事故回避率は約 75％で，1/4 ほどのケースで事故に至る可能性がある．もし，あと約 1.5 秒早く発見できれば回避率はほぼ 100％近くになる．上のケースで，自動車単独では 3.6 秒より先を見通すことは不可能であるが，カーブに路側のセンサを設置して，停止車両などの障害物を検出して路車間通信で車両に伝えることによって，遠くの障害物を検出することができ，事故回避の可能性は大幅に向上する．

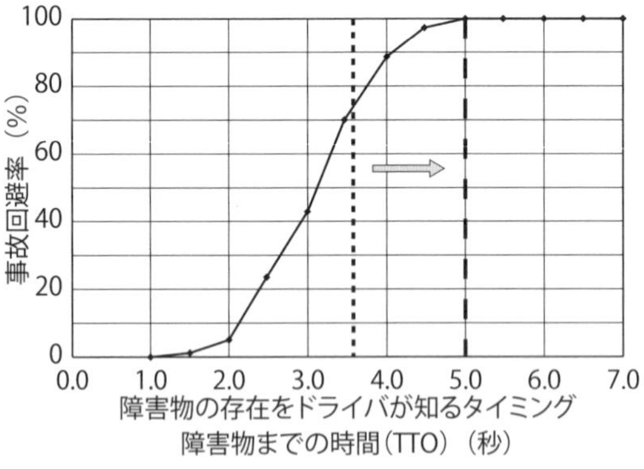

図 1-7　見通し不良カーブにおける障害物発見タイミングと事故回避率（AHS 研究組合研究データより著者作成）

（2）判断ミスの防止

単純な判断ミスは，彼我の位置（相対的距離）と速度（相対的速度）の判断のミスである．これらは，システムが正確に判断して衝突に至らないように行動することができる．たとえば，往復2車線の道路で追い越しを行うときには，自車が走行できる速度，先行車との距離と速度差から判断される追い越しに要する時間，対向車との距離と速度から判断される遭遇するまでの時間などを計算して，追い越しができるかどうか判断して走行する．位置（距離）や速度の検出が正確であれば，あとは計算で正しく判断できる．

複雑な判断を必要とする場合もある．たとえば,合流時の隣接車線の車との関係や,市街地における歩行者との関係などである．これらは単純な計算で解ける問題ではなく，経験や知識に基づく予測，状況判断が必要である．まだ万能な技術は開発されていないが，人間が犯しやすい勘違いや楽観的判断による間違いなどは回避できるようになった．また，複雑な予測や状況判断に優れたドライバの知識，経験などを組み込む人工知能（AI）の活用によって，高度な判断ができるようになってきている．

（3）操作ミスの防止

アクセル，ブレーキ，ステアリングなどの操作のタイミングや操作量は，システムが決めて操作する．この領域は,コンピュータとアクチュエータによってほぼ決まり,精度良く確実に操作されるので，ドライバによる操作ミスのようなエラーは発生しない．

（4）健康状態不良による事故の回避

心臓麻痺や脳梗塞などさまざまな理由でドライバが運転できない状態になったとき，自動運転中であればそのまま継続すれば問題ないが，ドライバが運転中の場合は重大事故につながる．そのような場合に安全に停車するまでの，短時間・短距離の自動運転が考えられる．ドライバの異常を検出して車を安全に停車させる．停車位置は路肩など他の交通に影響を与えない場所がベストであるが，困難な場合には，走行中の車線に停車させ，ハザードランプなどで周囲に異常事態が発生していることを伝える．さらに，救急信号を発信したり救急施設に通信したりする．ドライバの異常検出（ドライバモニタ）の技術と応用は4.1.7項で述べる．

後述のように，自動運転ではさまざまな自動化レベル（ドライバの機能をどれだけシステムが代行するかのレベル）が想定されている．その中には，システムが自動運転を停止するときに，ドライバに運転機能を引き継ぐ必要があるものがある．健康状態不良以外にも，睡眠（居眠り）や運転席を離れているなどドライバが運転に復帰できない状態が考えられる．そのような場合にも，自動的に安全に停車する機能が必要である．

運転支援を含めて自動運転車両の安全への寄与について調べた統計的データは少ない．5.5.2 項で詳述するが安全の検証には，さまざまな場面を含めて多数の車両で膨大な距離の走行が必要となるからである．数少ない例として，スバルは，ステレオビジョンをセンサとする運転支援システム EyeSight Ver. 2 の事故低減効果を表 1-1 のように発表していて[8]，とくに追突事故の削減に効果が出ている．このシステムは本書の定義では運転支援システムだが，一般の方には自動運転の一部と見なされているものである．

表 1-1　スバル EyeSight Ver. 2 の事故低減効果[8]

	販売台数（2010～2014年）		事故件数			
			総件数	対歩行者件数	対車両，その他件数	
						うち追突
搭載車	246139		1493	176	1317	223
		1万台あたり（A）	61	7	54	9
非搭載車	48085		741	67	674	269
		1万台あたり（B）	154	14	140	56
効果（$A-B$）/B			－61%	－49%	－62%	－84%

1.2.2　渋滞の削減

自動運転はドライバに代わってシステムが運転するので，1.1.2 項で述べたような人的問題による渋滞発生は基本的に起こらない．一定速度で安定して走行することができるので，サグ部やトンネル入り口などの速度変化に起因する渋滞が減少する．また，車間制御（速度制御）の応答が早いので，車間距離を短くして走行することができる．このため，ボトルネック部の交通容量を上げることができ，ボトルネックによる渋滞も抑制できる．

乗用車の隊列走行による道路容量の増加に関して，アメリカのカリフォルニア PATH が行ったシミュレーション結果を表 1-2 に示す[9]．隊列走行によって道路容量を 2 倍ないし 3 倍に増加させることが可能である．

日本のエネルギー ITS では，トラックの隊列走行による高速道路の渋滞緩和の結果得られる CO_2 排出量削減効果を，シミュレーションで検証した．東名高速道路下り線の横浜青葉と沼津の間，平日の朝のピーク時（8：00～10：00）を対象とし，大型トラックの 40%が 3 台の隊列を構成するものとして，表 1-3 のような結果を得ている[10]．シミュレーションによる検証ではあるが，この結果は，隊列走行が，燃

表 1-2　乗用車の隊列走行時の道路容量の増加（走行速度 90 km/h）（文献[9] に基づいて著者作成）

走行モード	隊列の状態	道路容量（台 / h / 車線）
単独走行		2000
隊列走行	3 台，車間距離 2 m	4600
	10 台，車間距離 6 m	6200

表 1-3　トラックの隊列走行による高速道路の渋滞緩和の結果得られる CO_2 排出量削減効果[10]

車間距離	4 m	10 m
ミクロな効果（空気抵抗低減による）	3.5%	2.0%
マクロな効果（渋滞緩和による）	1.3%	0.1%
合計	4.8%	2.1%

費改善だけでなく，道路容量増加の結果としての渋滞緩和によって CO_2 排出量の削減に寄与することを示している．

その他，走行時の横方向位置を精密に制御できるので，走行車線の幅を小さくすることができる．図 1-8 に示すように，2 車線の道路を 3 車線にして運用するようなことも可能である．図の例では交通密度を 1.5 倍にすることができ，交通渋滞の緩和に大きく貢献する．

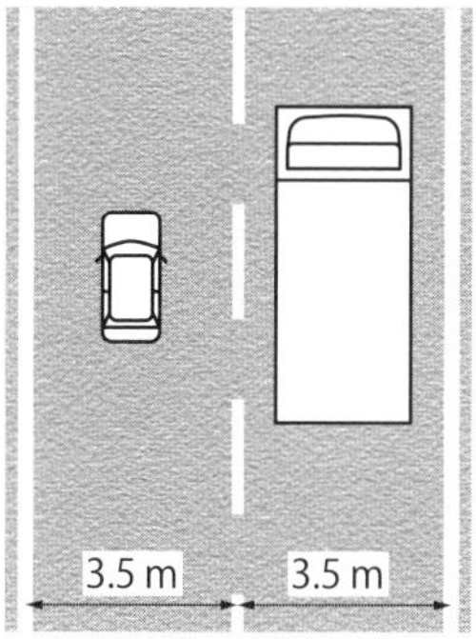

（a）　現在の車線幅の規格

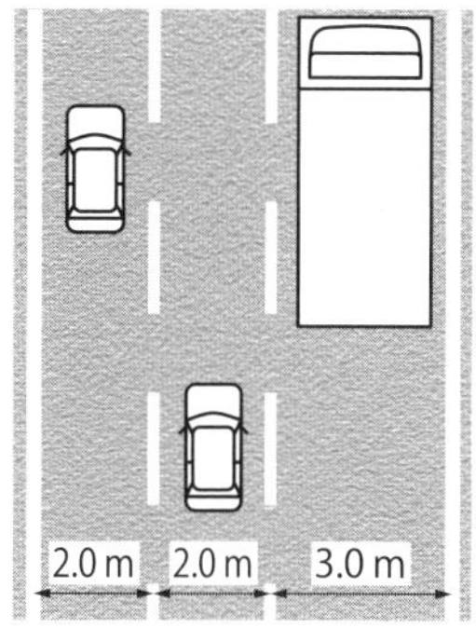

（b）　自動運転導入後の車線増の例

図 1-8　自動運転による車線の有効活用の例

1.2.3　燃料消費の削減

（1）空気抵抗の減少

空気抵抗は，図 1-9 に例示するように速度の 2 乗に応じて大きく変化し，高速領域の走行抵抗の中では空気抵抗が支配的である[11]．空気抵抗を減少できると，高速走行時の燃料消費が大幅に改善できる．

自然界では，カモなどの渡り鳥が雁行とよばれる V 字型の隊列を形成して飛ぶことにより，効率良く飛行することが知られている．図 1-10 は，カナダガンの群が V

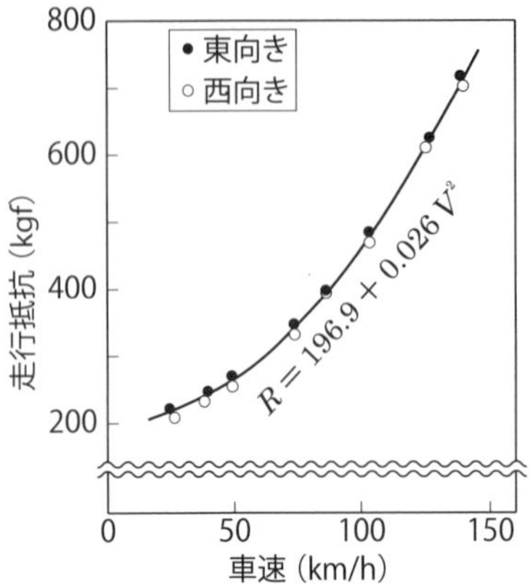

図 1-9　自動車の速度と走行抵抗[11]

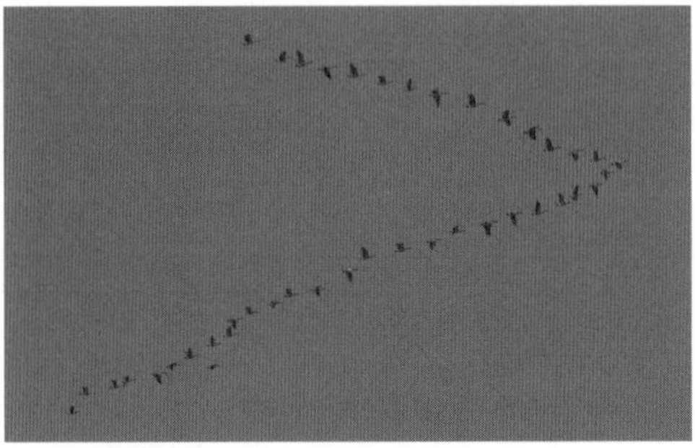

図 1-10　カモ（カナダガン）の雁行

字型の隊列飛行を行っているところである．また，F1 やスピードスケートなど各種のレースにおいて，後続するものが先行するものに近づいて走ることにより，効率良く走れることも知られている．これらにおいては，複数が近づいて移動することによる空気抵抗の減少や，空気の流れの効率的利用により，エネルギー消費を減少させている．

空気抵抗の主な成分は以下の三つである．

i ）車両前部が空気を押し分けて進む抵抗（前面抵抗）
ii ）車両後部に空気が流れ込んで渦状になって発生する抵抗（後面抵抗）
iii ）車両側面や上下面で発生する空気の流れの乱れによる抵抗（側面抵抗）

隊列走行において，後続車は主に i ）の前面抵抗が減少し，先行車は ii ）の後面抵抗が減少する．3 台以上の隊列の中間車は， i ）と ii ）の両方の抵抗が減少する．

抵抗は車間距離に応じて変化する．小型模型を用いた風洞実験やコンピュータシミュレーションによるいくつかの研究結果が報告されており，一例を図 1-11 に示す[12]．後続車だけでなく先行車も空気抵抗が減少する．空気抵抗は，車間距離が 1 ～ 2 車長（車両の長さ）以下になると大きく低下する．トラックなどの大型車では 10 ～ 20 m，小型の乗用車では 4 ～ 8 m 程度である．車間時間に換算すると，80 km/h で走行する大型車の場合で 0.45 ～ 0.9 秒，100 km/h で走行する小型乗用車の場合には 0.15 ～ 0.3 秒である．

このような短い車間距離で安全に走行することは一般ドライバには技術的に困難で，できたとしても長時間正確に維持することは不可能である．また，強い不安を感じて心理的にも許容できない．自動運転による，高精度で応答が速く信頼性の高い車

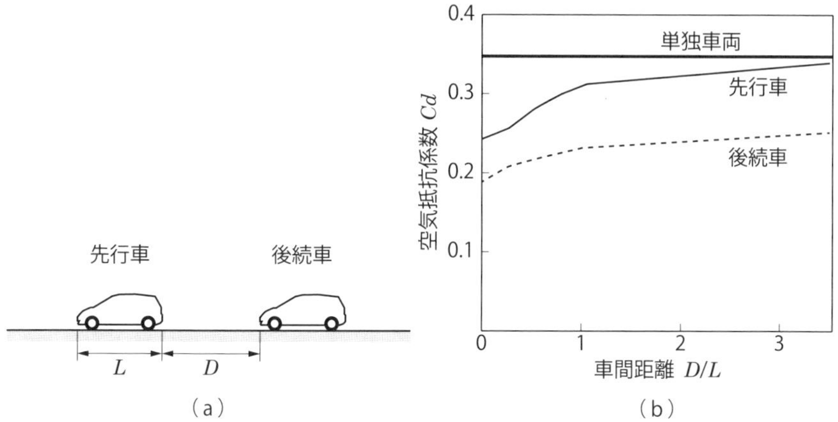

図 1-11　車間距離と空気抵抗係数（文献[12]をもとに著者作成）

間制御が必要である．

これまでに，隊列走行システムの技術開発とともに，省エネルギー（燃料消費削減）効果が試算されたり，実験によって測定されたりしている．カリフォルニアPATH チームは，空気抵抗の低下に伴う燃料消費の削減効果を，走行速度 55 mile/h（約 90 km/h）で，2 台，3 台，4 台と多数の隊列走行を行った場合について試算した[13]．その結果が，アメリカ NAHSC（National Automated Highway System Consortium）から隊列走行の効果として報告されている（図 1-12）[14]．3 台の車両が車 1 台分程度の車間距離で隊列走行した場合に，全体として約 10％燃料消費が低下する．隊列が 4 台になってもその変化はあまり大きくない．

日本の(財)高速道路調査会は，東名高速道路における隊列走行を想定して燃料消費の低減見積りを算出した[15]．150 km 以上の距離を走行するトラック（これは東名高

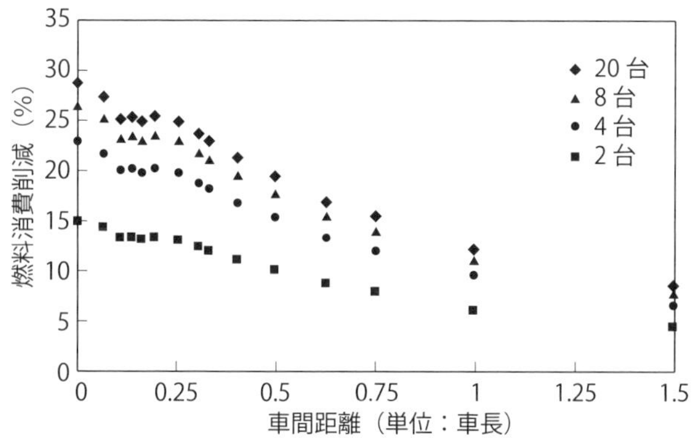

図 1-12　隊列走行による燃料消費削減効果[14]

速を走行するトラック全体の約65%が該当）が5台ずつ，3mの車間距離で隊列走行した場合，東名高速を走行するトラック全体（隊列走行しないトラックも含む）の燃料消費8.7%相当が低減されるという試算結果であった．

（2）走行速度の最適化

図1-13に，平均走行速度と燃料消費効率の関係を示す[16]．現在多く使用されているガソリンエンジンの自動車は，60～80km/h程度の速度で走行すると，走行距離あたりの燃料消費が最も少なくなる．渋滞によって速度が15km/h程度に低下したと仮定すると，燃料消費は約2倍になり，著しいエネルギー効率の低下をまねく．

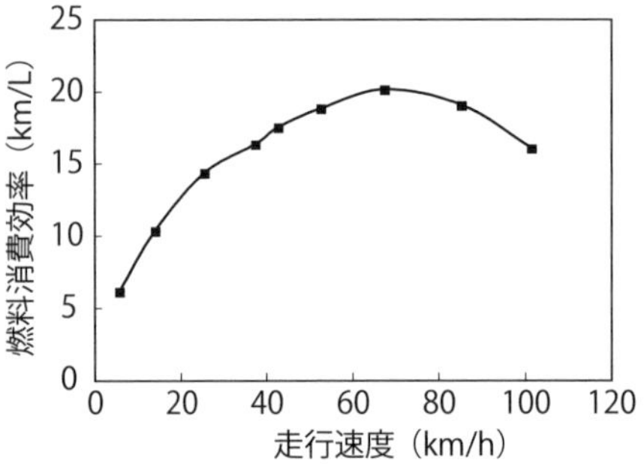

図1-13　平均走行速度と燃料消費効率（文献[16]の表2.6をもとに著者作成）

これに対して，自動運転では走行速度を燃料消費最適に設定して，安定して走行することができる．また，速度変化を少なくして加減速の頻度を減らすと，加速抵抗による燃料消費増加を防ぐ効果もある．その一つの例が信号同期速度制御である．信号機から信号変化タイミングの情報を入手し，赤信号で止まらなくてよいように速度を制御して信号交差点を無停止で通過できるようにするものである．ドイツやスウェーデンで社会実験が行われ,効果が確認されている．このような制御を行うシステムを，グリーンウェーブ運転支援システムとよんでいる（4.2.1項参照）．

（3）高効率運転

自動車のエンジンは，図1-14の破線に示すようにエンジンの回転と負荷に応じて効率が異なる．図の実線は，等速度で走る，つまり同じ仕事量を行う回転と負荷の動作条件を示している．同じ速度の走行を回転と負荷が異なる動作点で実現できることになる．これらの動作点は，変速機の変速比によって異なってくる．丸印の点が同じ速度の中で最も効率が高い．エンジンや変速機をシステムが制御する自動運転におい

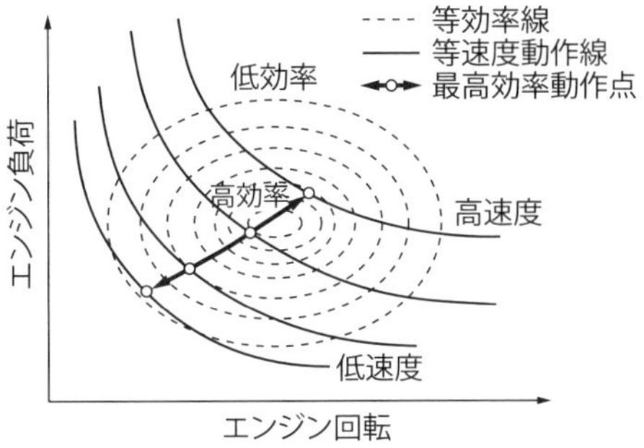

図 1-14　エンジン動作条件と燃料消費効率

ては，無段変速機（CVT）などの変速比の制御，エンジンの回転数制御を組み合わせて，図の太矢印で示すような最高効率動作点に制御することにより，燃料消費効率が最大になる状態で走行させることが可能である．

1.2.4　人間が運転困難，不可能な場面での運転

自動運転によって人間が運転困難，不可能な場面での運転も期待されている．人には困難な危険な環境における運転と作業を自動化したり，精密な走行を実現して作業効率を上げたりすることが考えられている．

一つの例が除雪車の自動運転である．積雪の多い地方では，除雪時に道路境界などがわかりにくい状態で除雪車を走らせなければならず，人間が目視で走行するのが困難である．自動運転で道路境界に正確に沿って走行することができると，作業員は安全に効率良く除雪作業に専念できる．高速道路など道路境界がわかりやすい道路でも，通常運転者と除雪作業者の複数で作業しているが，自動運転で走行できれば作業員の人数を少なくすることができる．梯団除雪といって，複数車線の除雪を複数台の除雪車で同時に行うことがある．中央車線側から雪を左横に押し出しながら，次々と次の車線を除雪していく方式である．この場合，複数台の車両が相互の横方向位置と縦方向位置を正確に保ちながら走って除雪していく必要があり，自動運転への期待が大きい．

さらに，車両の位置を精密に制御したいというニーズもある．バスの停車位置を精密に制御してバスと停車場のプラットフォームの間を極力狭くして，車椅子やベビーカーによる乗降を楽にすることが考えられている（プレシジョンドッキングという）．また，電気自動車に非接触で充電するシステムで，充電装置と車の相対位置を正確に保ちたいというニーズがある．これらを，自動運転による停車位置制御で実現することが期待されている．

その他にも，路面や側壁の清掃，施設の点検やメンテナンス作業など走行位置を正確に制御しながら行う作業は多い．施設との相対位置を精密に維持して走行しながら作業する必要があり，これらの作業において自動運転の利用が考えられている．高温多湿など過酷な環境や他車両が高速で走行する危険な環境における道路関係の作業などは，作業だけでなく，運転とあわせた自動化が望ましい．

1.2.5　快適・利便性の向上

自動運転はドライバを運転から開放することができるので，運転負荷を低減して快適性・利便性を向上させることができる．高齢者や障害者でも自動車を運転できるようになる．公共交通機関が少なくて，移動するために自家用車が必要な地域が増えている．そのような場所には高齢者が少人数家族で生活していることが多く，移動の自由（モビリティ）確保が大きな課題である．こういった場所の移動は，買物や施設訪問など低速度で短距離の移動が多く，自動運転で実現しやすいものである．今後，高齢社会が進展した地方都市や高齢者の多いコミュニティ周辺などでの実現が期待されている．

一般ドライバでも，高速道路の長距離運転や渋滞時のダラダラ運転など単調な運転を長く続けることは苦痛である．高速道路においては，運転環境が比較的単純で自動運転を実現しやすい．とくに，渋滞時の先行車自動追従走行システムは低速度で検出範囲も狭くてよいので，実現しやすいと考えられている．ドライバがありがたいと感じる度合いも大きく，早期実現が期待されている．

自動駐車も期待の大きい機能である．駐車の苦手な人は多く，とくに狭い場所における駐車は，ベテランのドライバでも煩わしいものである．自動駐車には大きく分けて三つのタイプが考えられている．一つ目はドライバが車に乗っていて行うもので，駐車場所や障害物などは車の中からドライバが確認しながら駐車できる．二つ目は，ドライバは車の外にいて，駐車状態を監視しながら行うものである．一つ目と同様に，安全確認を人が行うことができるだけでなく，ドアの開閉が困難な狭い場所への駐車もできる．雨の日にぬれない場所で降りて，車を駐車することができる．大きな荷物があるときにも家の入り口で荷物を下ろして，あとは自動で駐車するというような便利な使い方ができる．

三つ目は，乗降場から離れた場所への自動駐車である．ホテルやレストランで係員にキーを預けて駐車してもらうバレー（valet）駐車を，無人で行うイメージである（後述の図 4-47）．利用者が，ホテルやショッピングセンターなどの施設の乗降場で車に自動駐車を指示すると，車は自動走行路を通って駐車場に行き，自動駐車する．帰るときは，（タイミングを見計らって無線通信で）車を呼ぶと乗降場に戻ってきてすぐに乗車できる．利便性だけでなく，施設から離れた場所に駐車場を設定できるので，土地の有効利用が可能になる．駐車場までの道路が歩行者などが混在する道路だと市街地自動走行並に難しいが，他の車や人が入らない専用道路であれば比較的容易に実現できると考えられている．

1.3　自動運転に求められる機能

ドライバによる運転機能には，大きく分けて思考的機能と反射的機能とがある（図1-15）．思考的機能（大脳的機能）はじっくり考えて行動するもので，ルートを決めたり時間配分を決めたりして行動するものである．反射的機能（小脳的機能）は，障害物回避などその場で反射的に判断して行動するものである．二つを分ける大きな要素は時間と予測である．思考的機能は比較的長時間の行動を扱い，行動内容は予測に基づいて決まる．反射的機能は短時間の行動を扱い，現実に起こっている状況に対応した行動である．

市街地や混雑した高速道路など状況が複雑に変化する環境では，歩行者の飛び出しや他車両の進路変更などを予測しながら，安全に効率良く走行する必要がある．高度な自動運転を実現するためには思考的機能が重要であるが，単純な機能の自動運転では反射的機能が重要である．現在までに実現できているのは反射的機能が中心である．このあとの第2～4章は，実績のある反射的機能を中心に述べる．さらに，第5章では，

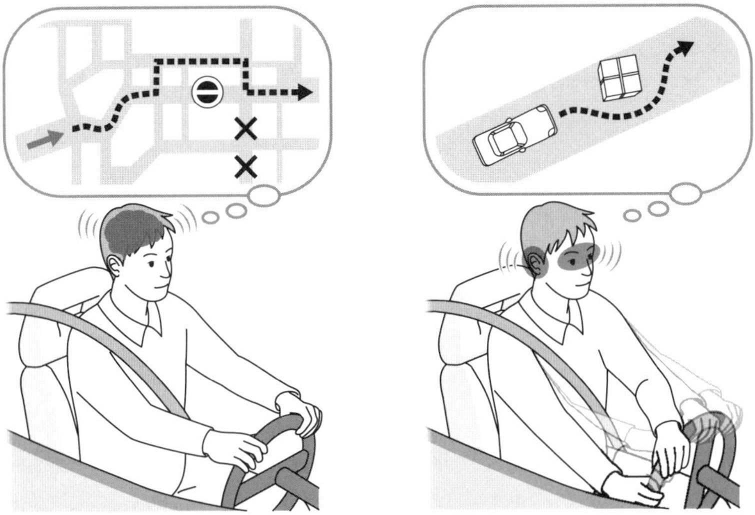

（a）　思考的機能（大脳的機能）　　（b）　反射的機能（小脳的機能）

図1-15　二つの運転機能

図1-16　運転行動

思考的機能を含むあるべき姿と現状の差を明らかにして課題を述べる．

運転を，ドライバが果たしている機能を代行する「行動」という観点から見ると，図1-16に示すように「認知」「判断（計画を含む）」「操作」という機能を繰り返し実行している．

また，運転機能を車の挙動という観点から見ると，

- 縦方向の挙動：速度，車間，停車位置など
- 横方向の挙動：車線維持，車線変更など
- 交差挙動：交差点や踏切の通過，分合流など

である．これらの挙動を的確に行う機能が必要である．

自動運転では，これらの挙動に関する「行動」機能を実現する必要がある．詳しい機能とそれを実現する技術は，第3章で述べる．

1.4　自動化レベル

自動運転は，1.1～1.3節で述べた認知，判断（＋計画），操作を車両が行うものである．車両だけでこれを行うのが自律方式自動運転である．また，インフラ・他車両と協調して行うのが，協調方式自動運転である．将来の完全な自動運転（無人運転）が実現されるまでは，ドライバが何らかの役割を果たすことになる．この自動運転を行うシステムとドライバの役割分担を分類したものを，自動化レベルとよぶ．ドライバを含むシステムの機能構成，自動化レベルの要素，自動運転の機器構成とともに，自動化レベルの定義を以下に示す．

1.4.1　機能構成

全体を，車載システム（車両），ドライバ，インフラ・他車両という機能の構成で示すと，図1-17のようになる．車載システムとインフラ・他車両をあわせて自動運転システムとよぶこととする．車載システムとインフラ・他車両を結ぶS3が閉じてつながっているのが路車および車車協調方式自動運転（connected automated driving）で，S3が開いてつながりがないものが自律方式自動運転である．ドライバと自動運転システムの役割分担に応じて，つぎに述べる自動化レベルが決まる．なお，

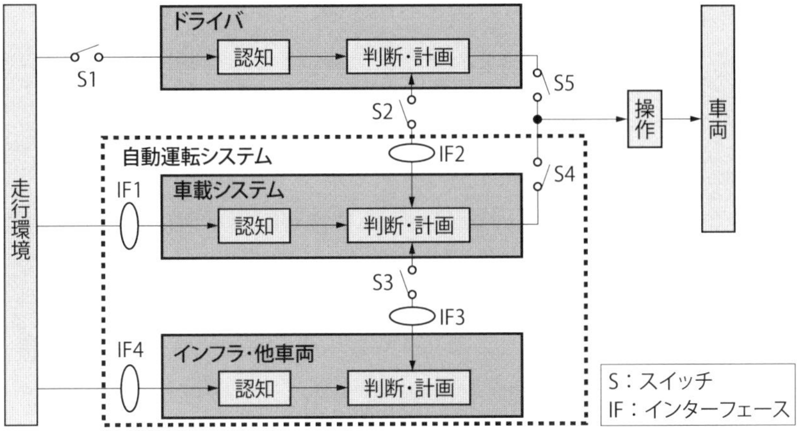

図 1-17 自動運転の機能構成

自動化が進んだ段階では車自体が運転を行い，外部の人がシステムの動作を指示するケースもある．車の中にいるドライバと外部から運転を指示する人，さらに運転にはかかわらない乗員を含めて利用者とよぶ．

1.4.2 自動化レベルの要素

ドライバとシステムの役割分担に応じて自動化の度合いが変化し，これを自動化レベル（level of automation）とよんでいる．自動化レベルの分類や定義についてはさまざまな考え方があるが，2016 年に発行された SAE（Society of Automotive Engineers International）の分類と定義（SAE J3016）[17]が世界的に共通理解として参照されることが多いので，本書第 2 版もそれに準じた内容とする．この分類は基本的につぎの i ）からiv）の 4 要素の組み合わせで行われている．

i ）動的運転タスク（DDT：Dynamic Driving Task）における持続的な縦・横の車両運動制御を，ドライバとシステムのどちらが行うか．言い換えると，アクセル・ブレーキとハンドル制御を誰が行うかである．ドライバから見た別な表現では，ハンド（手）オン・オフとフット（足）オン・オフといい，ドライバが手や足を動かしているかどうかである．

ii ）動的運転タスクにおける環境状態の検知および反応（OEDR：Object and Event Detection and Response）を，ドライバとシステムのどちらが行うか．ドライバから見た別な表現では，アイ（目）オン・オフといい，ドライバが主要な環境認識手段である目を使っているかどうかである．

iii）システムの作動持続が困難な場合の対応（DDT Fallback）を，ドライバとシステムのどちらが行うか．ドライバから見た別な表現では，ブレイン（脳）オン・オフともいい，ドライバがシステムをバックアップできる能力をもっているかどうか，居眠りなどしていないかどうかを，脳の機能で代表的に表している．ドライバによるバックアップが必要な場合，そのタイミングや的確に切り替えが行われるかどうかが大きな課題である．

iv）作動領域（ODD：Operational Design Domain）が限定されているかどうか．自動で制御される場所（道路種別や地域），速度，気象条件，時間帯などが限られているかどうかである．

SAE J3016 は日本語化され，自動車技術会（JSAE）が制定する工業規格 JASO（Japanese Automotive Standards Organization）の技術報告として発行された[18]．SAE の自動化レベルの分類定義は，その後も継続して改定検討が進められている[19]．SAE と ISO（International Standards Organizations）が共同して作業を進めており，近々 IS（International Standard：国際標準）になる予定である．

1.4.3　自動化レベルの定義

SAE による自動化レベルの定義を，表 1-4 に示す[17]．各レベルの要点を以下に説明する．

- レベル 0：運転自動化なし（手動運転）．システムによる自動制御はなく，すべてをドライバが行う．図 1-17 の自動運転システムの囲みが存在せず，S1 と S5 がつながっている状態である．
- レベル 1：運転支援．動的運転タスクにおける縦・横の車両運動制御のどちらかをシステムが自動制御する．その他の残りの機能はすべてドライバが行う．基本的にはドライバが運転していて，システムが運転の一部を自動的に制御してドライバの運転を支援するものである．ドライバはハンドルを握る（ハンド・オン状態）などしてつねに運転に参加している．システムが機能を発揮できない場合あるいはシステムの作動継続が困難な場合には，システムを停止させてすべての運転をドライバが行う．速度と車間距離を自動制御する ACC（Adaptive Cruise Control）が代表的な例である．図 1-17 の S5（ドライバ）と S4（車載システム）の両方がつながっていて，自動運転システムが一部の運転を支援している状態である．
- レベル 2：部分的運転自動化．動的運転タスクにおける縦・横車両運動制御の両方をシステムが自動制御する．ドライバがいつでも介入できる状態でハンドルおよびアクセル・ブレーキを自動制御する駐車支援システムや，高速道路においてハンドルおよびアクセル・ブレーキが自動制御されるシステム（ただしドライバはハンドルを握っていてすぐ運転できる状態にある）が代表的な例である.
- レベル3：条件付き運転自動化．動的運転タスクにおける縦・横車両運動制御の両方をシステムが自動制御し，環境状態の検知および反応もシステムが行う．ドライバは環境状態やシステムの作動状態を監視している必要はない．システムが自動運転継続が不可能と判断したら，ドライバに介入を要求する．システムから要求されたら，ドライバがシステムに代わり運転を行う（バックアップ動作する）．5.3.2項で述べるように，運転切り替え時の課題が大きいといわれている．レベル定義からは，システムが通常の制御を行っている間は，ドライバは運転に関してはとくに何もしなくてよい，その間は他のこと（セカンドタスクという）をしていてもよいという考え方がある．一方で，システムから介入要求があった場合には運転を代わらなくてはいけないので，大きな意味で運転ループの中に組み込まれていて，運転できる状態を維持していなければいけないという考え方もある．
- レベル4：高度運転自動化．システムが限定された作動領域の範囲で，すべての動的運転タスクと作動継続が困難な場合の対応を行う．システムの利用者は何もしない．環境状態の検知やシステムが作動持続困難になった場合のバックアップも期待されない．駐車場や特定地域を対象に，ドライバが乗っていない自動駐車システムや自動運転公共交通システムの実用化開発が行われている．
- レベル5：完全自動化．作動領域の限定がなく，すべての作動領域ですべての動的運転タスクをシステムが行う．走行困難な悪天候や凍結路面などで自動制御を続けることまでは要求されておらず，そのような場合は安全な状態に停車して環境回復を待つなど，リスクを最小にする機能が必要である．

続いて表1-5に，各自動化レベルにおける利用者とシステムの基本的役割をまとめて示す．自動運転システムは，目標とする自動化レベルやタイプに応じて，図1-17に示す機能を単独で，あるいは組み合わせて実現している．ただし，基本は車両のシステムなので，以降の内容は車両のシステムを中心に説明していく．

表 1-4　SAE の定義による運転自動化システムのレベル

レベル	名称	定義	動的運転タスク（DDT）		作動継続が困難な場合の対応（DDT Fallback）	作動領域（ODD）
			持続的な縦・横の車両運動制御	環境状態の検知および反応（OEDR）		
0	運転自動化なし	• ドライバがすべての動的運転タスクを行う	ドライバ	ドライバ	ドライバ	適用外
1	運転支援	• システムが持続的な縦・横いずれかの車両運動制御を限定的作動領域内で行う • ドライバは動的運転タスクの残りの部分を実行する	ドライバとシステム	ドライバ	ドライバ	限定的
2	部分的運転自動化	• システムが持続的な縦・横両方の車両運動制御を限定的作動領域内で行う • ドライバは環境状態の検知および反応（とシステム監視）を行い，必要に応じて介入する.	システム	ドライバ	ドライバ	限定的
3	条件付き運転自動化	• システムがすべての動的運転タスクを限定的作動領域内で行う • システムは作動継続が困難な場合には介入要求を発し，ドライバは介入要求に応じて運転を行う	システム	システム	システム（作動継続が困難な場合はドライバ）	限定的
4	高度運転自動化	• システムがすべての動的運転タスクを限定的作動領域内で行う • 作動継続が困難な場合の対応もシステムが行い，利用者が対応する必要はない	システム	システム	システム	限定的
5	完全自動化	• システムがすべての動的運転タスクを限定なしの作動領域で行う • 作動継続が困難な場合の対応もシステムが行い，利用者が対応する必要はない	システム	システム	システム	限定なし

表 1-5　レベルごとの利用者とシステムの役割（概要）

レベル	名称	利用者の役割	システムの役割
0	運転自動化なし	• すべての運転を行う	• 自動的制御は行わない
1	運転支援	• 運転環境とシステム作動を監視し，必要な場合はシステムの作動を停止させてすべての運転を行う	• 縦縦方向または横方向どちらか一方の車両運動制御を行い，ドライバの運転を支援する • ドライバ操作を優先させる
2	部分的運転自動化	• 運転環境とシステム作動を監視し，必要な場合はシステムの作動を停止させてすべての運転を行う	• 縦方向および横方向両方の車両運動制御を行い，運転を部分的に自動化する • ドライバ操作を優先させる
3	条件付き運転自動化	• システム作動中は運転環境とシステム作動の監視は不要である • システムからの介入要求があれば自分で運転を行う	• 限定された作動領域内ですべての運転を行う • 作動継続が困難な場合はドライバに介入要求を発し，ドライバに運転を引き継ぐ
4	高度運転自動化	• 乗員または動作指令者はシステム作動中は何もしなくてよい	• 限定された作動領域内ですべての運転を行う • 作動継続が困難な場合はリスクを最小にする
5	完全自動化	• 乗員または動作指令者はシステム作動中は何もしなくてよい	• 作動領域の限定なしにすべての運転を行う • 作動継続が困難な場合はリスクを最小にする

1.4.4　機器構成

自動運転はさまざまな機器を組み合わせて，これまでに述べた必要機能を実現する．図 1-18 に一般的な機器類の構成を示す．

車両の認知機能に必要な機器は，レーンや障害物など車外情報を検出する外界センサと，ドライバや車両の速度，位置，姿勢などの車内情報を検出する内界センサである．これらの情報を得るために，地図などの車載データが使用される．目的地情報などドライバが決めて車両に伝えるドライバ情報入力や，さまざまな情報や警報などを表示する車内表示・警報とともに，他車両や歩行者などと情報交換を行う車外表示・警報も必要である．車両内外のセンシング情報を処理して，スロットル（アクセル），ブレーキ，ステアリング（ハンドル）などを動かすアクチュエータを動作させる．一般の人が知っている現在のドライブレコーダは前後方画像が記録対象になっているが，業務用車両では走行速度なども記録されている．今後，飛行機のフライトレコーダのよう

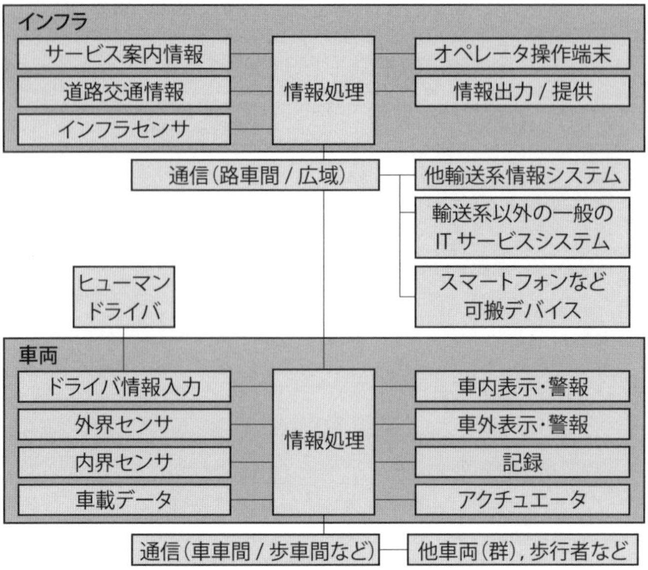

図 1-18 一般的な自動運転システムの機器類の機能構成

に, 各種の制御状態を記録しておく装置も必要になると予想されている.

インフラと協調するシステムでは, インフラによって道路交通状況などを検出するインフラセンサ, 道路交通情報, 各種案内情報などが情報処理されて, 路車間通信によって車両に伝えられる. インフラ側のシステムとして, オペレータ操作端末や, 自動運転ではない車両への情報出力・提供のインターフェースも必要である.

車両どうしで協調するシステムでは, 他車両も同様な機器が搭載されており, 車車間通信で情報が伝えられる. 歩行者との衝突を防止するため, 歩行者がもつ情報機器との通信も有効であると考えられている.

これらの機器類に関する技術の詳細は, 第3章で紹介する.

コラム 自動運転車のハンドル

図 1-19 は, ドイツのベンツ博物館で撮影したものである. 右側の 1923 年の車は右ハンドルで, 左側の 1928 年の車は現在と同じ左ハンドルである. ベンツ博物館でハンドルの位置が変化していることに気付き, 案内していただいた館長に「ドイツは昔は左側通行だったのですか?」と尋ねると,「最初から右側通行でした. 馬車が右側を通行していたので車も右側を走りました」との返事であった. その後調べてみたところ, フォード博物館やフィアット博物館の車でも同様な変化がみられ, 1900 年代に入ってから各社の車のハンドルの位置が右から左に変化していることがわかった. 昔の馬車は,

Mercedes-Benz Type S Tourenwagen
1928 年　左ハンドル
⇦
Mercedes Sport-Zweisitzer
1923 年　右ハンドル

図 1-19　ハンドルの位置の変化

右側通行ですれ違うときなどに脆弱な路肩を確認しやすい右側に御者が乗って走っていた．車も最初は馬車と同じように右側に運転席があったが，道路が良くなり車も高速で走行できるようになると，カーブ走行や追い越し時に対向車線を確認しやすいセンターライン側に運転席があったほうが安全に運転できるため，右から左に移ったようである．車の性能や道路が変化すると，車の構造も大きく変化することを示している好例である．

自動運転ができるようになり，運転手が運転操作から解放されると，ハンドルはどこにあってもよい，あるいは普段はなくてもよいという時代になる可能性がある．Google がアメリカのカリフォルニア州で実験するために作った自動運転車は，当初ハンドルのないもので計画された．カリフォルニア州は公道を自動運転の車で走行できるように規則を整えているが，当面は何か問題があったときに人間が運転操作できる構造が必要とされており，ハンドルが付いていないと走行が認められないため，ハンドルが付いた車に変更した．Google は，理想的な自動運転車はハンドル不要という発想である．自動運転技術が発展したときにハンドルがどうなるか，その位置や形状についてすでに議論が始まっている．取り外し可能なものやジョイスティック型のものなどの可能性が提案されている．GM は，ハンドルもペダルもない CruiseAV という車を市販する計画を発表（2018 年 1 月）し，アメリカ合衆国運輸省に公道走行許可を申請した[20]．ハンドルがなくなることで，車の中での時間のすごし方も大きく変化すると考えられる．

第 2 章 自動運転システムの歴史

自動車の自動運転の提案は決して新しいものではない[1]．世界で最初の提案は，おそらく 1939 年のニューヨーク万国博覧会にゼネラルモーターズ（GM）が出展した Futurama であろう．Futurama とは，future と panorama を組み合わせた，未来の生活を意味する造語で，自動運転で走る車のジオラマが展示され，人気を博した．しかし，この自動運転システムは，必ずしも自動車交通問題の解決を目指したものではなかった．この Futurama から遡ること 18 年，1921 年におそらく世界初の driverless car が米国に出現している[1]．この driverless car は長さ 2.5 m の模型車両で，30 m 後方の軍用トラックから無線を用いたリモートコントロールで操縦された．この車両は走路や障害物を検出するセンサはもたないため，自動運転とはよべない．

自動車の自動運転システムの研究が，自動車交通問題を解決することを目的として最初に開始されたのは 1950 年代のアメリカである．その発端は，吹雪のフリーウェイで発生した悲惨な交通事故を知った，当時の RCA の副社長 V. ツヴォルキンの提案とされている．

自動運転システムに関する研究は，研究開発動向と用いられた技術によって，1950 年代から 1960 年代にかけての第 1 期，1970 年代から 1980 年代にかけての第 2 期，1980 年代後半から 1990 年代後半までの第 3 期，21 世紀の最初の 10 年あまりの第 4 期，その後の現在に至るまでの第 5 期に分けることができる．表 2-1 に，第 1 期から第 5 期までの自動運転システムの特徴を示す．第 1 期の特徴は路車協調方式，第 2 期の特徴は自律方式，第 3 期の特徴は ITS（Intelligent Transport Systems，高度道路交通システム）プロジェクトにおける各種方式の試用，第 4 期の特徴は実用化を目指した両方式の使い分け，第 5 期は商品化を目指した自律方式の確立と捉えることができる．ここで，路車協調方式とは，車側の設備と道路側の設備の両方を用いて自動運転を行う方式，自律方式とは車側の設備だけで自動運転を行い，道路側には特殊な設備が不要となる方式である．

さらにまとめると，第 1 期から第 3 期は，自動運転が可能であることを示すことに注力した期間，21 世紀になっての第 4 期と第 5 期は，自動運転の実用化を目指している期間ということができる．なお，ここで自動運転システムとは，原則，ヒュー

表 2-1 第 1 期から第 5 期までの自動運転システムの特徴

	本書での区分	主方式	主目的	主な対象車種	主な走行形態
20 世紀のシステム：自動運転の可能性追求	第 1 期：1950 ～ 60 年代	路車協調	安全，快適	乗用車	単独
	第 2 期：1970 ～ 80 年代	自律	安全，快適	乗用車	単独
	第 3 期：1990 年代（ITS プロジェクト）	路車協調，自律	安全，快適，渋滞緩和	乗用車	単独，隊列
21 世紀のシステム：実用化，商品化の追求	第 4 期：2000 年～ 2010 年頃	自律	安全，省エネルギー，環境，利便	トラック，バス，小型低速車	主として隊列，単独
	第 5 期：2010 年頃～	自律	安全，利便	乗用車，小型低速車	単独

マンドライバに代わって，システムが認知，判断，操作を行うシステム（SAE の自動化レベル 4 と 5）を指している．自動運転と運転支援（SAE のレベル 1 と 2）は，用いられる技術の多くが共通であるが，1990 年頃まではもっぱら自動運転に関する研究開発が行われていた．運転支援に関するプロジェクトが始まったのは 1990 年代のことで，わが国では 1991 年に ASV（Advanced Safety Vehicle，先進安全自動車）のプロジェクトが，アメリカでは 1998 年に IVI（Intelligent Vehicle Initiative）のプロジェクトが開始されている．

なお，自動車会社でも早くから自動運転の研究は行われていたはずであるが，技術的詳細が公開されていないため，ここでは詳細が明らかになっている公的プロジェクトを中心に紹介する．

2.1 第 1 期：路車協調方式の自動運転システム

第 1 期の自動運転システムは，道路に誘導ケーブルを敷設して横方向制御（操舵制御）を行う路車協調システムである．これは，当時，工場内無人搬送車ですでに実用化されていた誘導方式である．1950 年代末から 60 年代にかけてアメリカの RCA[2]，GM[3]，オハイオ州立大学[4]，英国の道路交通研究所，ドイツのジーメンス[5]などで研究が行われた．我が国では，1960 年代前半に通商産業省工業技術院機械技術研究所（現（国研）産業技術総合研究所）[6]で研究が行われ，図 2-1 に示すその自動操縦車は 1967 年にはテストコース上を 100 km/h で走行した．

誘導ケーブルを用いたシステムは，能動的に走行コースを示すという長所をもつが，道路への誘導ケーブルの埋設と交流電流の供給が，設置，運用，保守において大きな負担となり，これが短所となる．そのため，誘導ケーブルを用いたシステムは，

図 2-1　機械技術研究所で開発された自動操縦車：（左）走行中の自動操縦車，（右）車両の前バンパに装着された一対のピックアップコイルと路面中央に埋設された誘導ケーブル（いずれも機械技術研究所提供，1960 年代半ば撮影）

悪路走行の耐久試験やタイヤの耐久試験など，テストコースにおける自動車の各種試験[7][8]での利用や，路線バスのプレシジョンドッキング[9]（停留所への精密停車．4.3.2項参照）にとどまっている．

路車協調システムは，上述したように道路側の設備設置が問題となるが，それに加えて，道路側の設備が先か，車側の設備が先かという「鶏と卵」問題と，道路側の設備と車側の設備の寿命の差の問題がある．これらの問題は，自動運転システムだけでなくITS全般に共通する問題である．

2.2 第 2 期：自律方式自動運転システム

1970 年代から 1980 年代にかけての，マシンビジョンを用いた自動運転システムの研究を第 2 期とする．マシンビジョンを用いると，特殊なインフラが不要の自律方式の自動運転システムを構成することができる．したがって，第 2 期のシステムは，第 1 期システムのアンチテーゼということができる．

世界で初めてのマシンビジョンを利用した自動運転システムは，1977 年に我が国の機械技術研究所が開発した知能自動車で，これは速度 30 km/h でテストコースを走行することができた[10]．図 2-2 に外観を示すが，一対のテレビカメラが車両の右前に縦方向に設置されている．1980 年代には，この知能自動車に差動オドメタ（両後輪の走行距離差）に基づくデッドレコニング機能（自車の位置と方位を車載の装置だけで測定する機能）をもたせ，自律ナビゲーションの実験を行った[11]．この実験では，マシンビジョンによって障害物を検出しつつ，デッドレコニング機能と経路地図に基づいて，200 ～ 300 m の距離を走行した．わずか速度 10 km/h 程度ではあったが，出発地から目的地まで車載センサだけによって知能自動車を自律走行させることができた．

図 2-2　知能自動車：（左）車両（1984 年撮影），（右上部）道路シーン，（右下部）逆台形の視野と検出されたガードレール（障害物）（右の 2 図は機械技術研究所提供，1977 年頃撮影）

1980 年代に入ると，アメリカで軍用車両の ALV（Autonomous Land Vehicle）[12]がメリーランド大学やマーティンマリエッタによって開発されたが，オフロード走行を志向したものであった．この研究は，カーネギーメロン大学（CMU）の NavLab（Navigation Laboratory）[13]や，アメリカ国立標準技術研究所の HMMWV（High Mobility Multipurpose Wheeled Vehicle）[14]に引き継がれた．

ドイツでは，1980 年代半ばからミュンヘン連邦国防大学で自律走行車 VaMoRs（Versuchsfahrzeug für autonome Mobilität und Rechnersehen）[15]の研究が行われている．マイクロバスをベースとした VaMoRs は，1980 年代の終わりに約 90 km/h で自動走行している．

我が国でも，1980 年代後半に通商産業省（現 経済産業省）のプロジェクトで，PVS（Personal Vehicle System）というマシンビジョンをベースとする自律方式の自動運転車が試作された（図 2-3）[16]．PVS は，マシンビジョンで路面のレーンマーカを検出

図 2-3　PVS（1990 年頃撮影）

して走行するだけでなく，マシンビジョンを用いた障害物検出・回避機能や，走行した場所の走路地図を自動生成し，地図によって経路誘導を行う機能をもっていた．

2.3 第3期：ITSプロジェクトにおける自動運転システム

1980年代後半からの各国のITSプロジェクトにおいて，自動運転システムは大きく取り上げられ，単独車両の自動運転だけでなく，複数台の自動運転車による，小さな車間距離を保った隊列（プラトゥーン）走行が新たに出現した．横方向制御には，マシンビジョンによる自律方式だけでなく，路面に埋設した磁気マーカ列や，路面に貼付したレーダ波反射テープを用いた路車協調方式が採用されている．

2.3.1 ヨーロッパの自動運転システム

PROMETHEUS（Programme for a European Traffic with Highest Efficiency and Unprecedented Safety）は，ヨーロッパの自動車会社を中心として1986年から8年間行われた車両志向のITSプロジェクトである．このプロジェクトで開発されたダイムラーベンツのVITA II（Vision Technology Application）[17]は，衝突回避を目的とするマシンビジョンに基づく自動運転システムである．カメラ計18台と，60台のマイクロプロセッサからなる総計850 MFLOPSの演算能力をもつマシンビジョンにより，100 km/h以上での車線維持，車線変更を行うことができた．このマシンビジョンには，ミュンヘン連邦国防大学が開発したVaMP（Versuchsfahrzeug für autonome Mobitität Pkw）のマシンビジョンが用いられている（図2-4）．

このVaMPは，VaMoRsを乗用車に発展させた自動運転車で，マシンビジョンでレーンマーカだけでなく先行車を検出することができる．このマシンビジョンの特徴は，長短2種類の焦点距離をもつカメラ（直接に距離の測定が可能なステレオビジョンを構成しているのではない）を用い，撮像した道路シーンに対してカルマンフィルタ（雑音を含む時間とともに変化する信号から，雑音を除去するフィルタ）を適用している点にある[18]．撮像した連続道路シーンにカルマンフィルタを適用することによって，レーンや先行車を高精度で検出することが可能になる．VaMPは，1995年にミュンヘンからオーデンセ（デンマーク）までの1700 kmのうち1600 km以上を，400回以上の車線変更を行いつつ平均速度120 km/hで自動運転で走行した[19]．VaMPは，現在ミュンヘンのドイツ博物館交通センターで展示されている．

（a）　VaMP の車両

（b）　VaMP の運転席．ルームミラー設置場所にカメラがある

（c）　VaMP の後部座席に置かれた処理装置．処理装置はトランクルームにも設置されている

図 2-4　マシンビジョン VaMP（E. Dickmanns 教授提供，1995 年頃撮影）

2.3.2　アメリカの自動運転システム

アメリカでは，1991 年に制定された ISTEA（総合陸上交通効率化法，Intermodal Surface Transportation Efficiency Act）に基づいて AHS（Automated Highway Systems）計画が開始され，1997 年に大規模な自動運転のデモがカリフォルニア州サンディエゴで行われた．この AHS 計画に際してコンソーシアムが結成され，そのコアメンバーは，ベクテル，カリフォルニア州運輸省，カーネギーメロン大学，デルコ･エレクトロニクス，GM，ヒューズ･エアクラフト，ロッキード･マーティン，パーソンズ・ブリンカーホフ，カリフォルニア PATH（Partners for Advanced Transit and Highways）であった．このコアメンバーは，カーネギーメロン大学とカリフォルニア PATH が学，カリフォルニア州運輸省が官，その他が産であるが，産のうち，ベクテルとパーソンズ・ブリンカーホフがゼネコン，ヒューズ・エアクラフトとロッキード・マーティンが軍需産業である．軍需産業が参加しているのは，冷戦の終了と

いう時代背景がある．

カリフォルニア PATH は，1986 年に発足したカリフォルニア州の ITS プロジェクトで，カリフォルニア大学バークレー校を中心に，当初から道路容量の増加とそれによる渋滞の解消を目的として自動運転システムの研究開発を行っている．その自動運転システムは路車協調方式で，走行コースに沿って埋設した永久磁石列（磁気マーカ列）を用いた横方向制御と，小さな車間距離を保って隊列を走行させるための縦方向制御（速度・車間距離制御）に特徴がある[20]．図 2-5 に，車両の前バンパ下に装着された磁気マーカセンサ（フラックスゲート方式センサ）と２種の永久磁石を示す．カリフォルニア PATH は，自動運転のインフラとして安価な永久磁石を用いている．

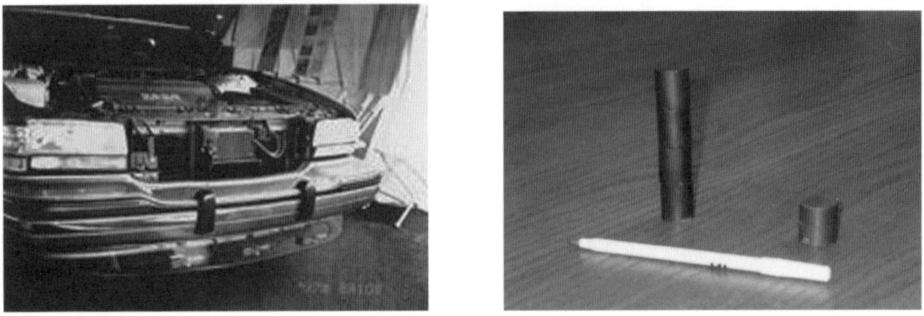

（a） 3 個の磁気センサの装着状態(1997 年撮影)　（b） 2 種の磁気マーカ（1996 年撮影）

図 2-5 カリフォルニア PATH の自動運転システムで用いられた磁気センサと磁気マーカ

カーネギーメロン大学は，1995 年にはミニバンをベースとした NavLab V で，ワシントン D.C. からサンディエゴまでの 4800 km の 98% 以上の行程をマシンビジョンによる自動運転で走破した．ただし，自動化されていたのは操舵だけで，ブレーキとアクセルはドライバが操作した．

AHS の大規模なデモは，1997 年夏にサンディエゴ近郊のインターステートハイウェイ 15 号線にある HOV レーン（high occupancy vehicle lane，多乗員車の優先車線）内の約 12 km のコースで行われ，以下の７チームが協調方式または自律方式の自動運転車を走行させた．車両に関しては，ほとんどのチームが乗用車を用いたが，一部のチームは，路線バスや大型トラックを用いた．

- カリフォルニア PATH：８台の乗用車が，車間距離 6.3 m，速度 96 km/h で隊列走行を行った（図 2-6）．横方向制御は路面に 1.2 m 間隔で埋設した磁気マーカ列を用いた．隊列走行の目的は，道路の実効容量の増加による渋滞防止にあった．
- カーネギーメロン大学：乗用車２台，ミニバン１台，路線バス２台が，マシンビジョ

図 2-6　カリフォルニア PATH による 8 台の乗用車の隊列走行（1997 年撮影，カリフォルニア PATH 広報資料）

ンによる自動運転で走行した．混合交通下での自動運転システムを目指した．

- オハイオ州立大学：2 台の乗用車が追い越しを含むシナリオで自動運転を行った．横方向制御には，マシンビジョンに加えて路面に貼付したレーダ反射テープを使用した．このテープは，車両からのレーダ波を反射したとき横偏差を検出することができるもので，衝突防止レーダを自動運転用センサとしても利用可能な点が特徴である．車側の設備が，路車協調方式システムの課題である「鶏と卵」問題に解を与えている．
- トヨタ自動車：ACC（Adaptive Cruise Control）を発展させたシナリオ．先行車をセンサ（ライダ，レーダ，カメラ）で検出して，先行車が近づくと自動的に減速して車間時間を一定に保つ仕組みを，アダプティブクルーズコントロール（ACC）とよぶ．運転支援システムである ACC による車間距離・速度の制御から横方向制御の自動化までの，自動運転の発展シナリオを示した．
- ホンダ（本田技研工業）：マシンビジョンを用いた自動運転と PATH の磁気マーカ列を用いた自動運転を併用した．前者は路側設備が貧弱な僻地に対応し，後者は路側設備が充実した都市部に対応していた．
- イートン・ボラド：大型トラック用 ACC でデモ走行した．トラックの先行車には，レーダ波の反射が少ない FRP 製のボディーをもつスポーツカーを使用した．
- カリフォルニア州運輸省：磁気マーカ列のメンテナンスを行う車両を，マシンビジョンによる自動運転で走行させた．

サンディエゴでのデモのあと，1998 年初頭にアメリカ運輸省は AHS に関するプロジェクトを中止した．その理由は，自動運転システムは近い将来導入される可能性がなく，産業への寄与が期待できないというものであった．アメリカでは，1980 年にもそれまでオハイオ州立大学が行ってきた自動運転システムのプロジェクトを中止している．自動運転に関する研究は，1950年代から順調に行われてきたわけではなく，このように中止と再開を繰り返して現在に至っている．

2.3.3　我が国の自動運転システム

建設省（現 国土交通省）は，1995年秋にテストコースで[21]，それをふまえて翌1996年秋に未供用の上信越自動車道の小諸付近で，AHS（Automated Highway System，自動運転道路システム）の実験とデモを行った．詳細は4.2.4項を参照されたい．建設省のAHSは，当初は自動運転システムであったが，1996年末からは運転支援システム（AHS, Advanced cruise assist Highway System）に変更された．

また，機械技術研究所と（財）自動車走行電子技術協会（現（一財）日本自動車研究所）は，2000年11月に5台の自動運転車を車車間通信でリンクし，柔軟な隊列走行を行う協調走行システムの実験を行った[22]．詳細は4.1.6項を参照されたい．

2.4　第4期：実用化を目指す自動運転システム

21世紀の最初の10年あまりの期間では，乗用車ではなく，トラックや路線バス，小型低速の車両を対象として近い将来の実用化を目指した研究開発が進んだ．これらのほとんどのシステムの横方向制御方式には，マシンビジョンやGPSを用いた自律方式が用いられているが，カリフォルニアPATHは磁気マーカ列による路車協調方式を用いている．

2.4.1　路線バスの自動運転

カリフォルニアPATHでは，サンディエゴのデモのあと，路線バスの自動運転の研究を行っており，2003年夏には，1997年のデモを行ったサンディエゴのHOVレーンで路線バスの自動運転のデモを行った．自動運転の方式は磁気マーカ列による路車協調方式である．路線バスの自動運転の目的は，プレシジョンドッキングに加えて，定時性の確保も挙げられており，たとえば路側帯を転用した狭い専用レーンのように，ドライバには運転が困難な場所を走った．また，ドライバの運転負荷低減や，完全に自動化した場合には人件費の低減といった効果もある．カリフォルニアPATHの自動運転バスは，アメリカ合衆国オレゴン州ユージンで2013年6月から2015年2月まで断続的に10ヶ月試用され，評価が行われた[23]．プレシジョンドッキングと横方向制御の性能は，バスドライバと乗客の双方から高く評価された．

トヨタ自動車が1990年代後半に開発したIMTS（Intelligent Multimode Transit

System）とよばれるシステムは，一般道では手動運転し，専用道では路面に埋設した磁気マーカ列を用いて横方向制御の自動運転を行う，デュアルモードバスである．このシステムの目的は中量輸送システムにあり，淡路島のテーマパークや 2005 年の「愛・地球博」で自動運転バスとして運用された．

ヨーロッパでも，2000 年前後から路線バスの自動運転が試行されている．ルーアン（フランス）の自動運転バスは，路面の光学的反射テープでガイダンスを行った．また，アイントホーフェン（オランダ）の自動運転バス Phileas は，推測航法（デッドレコニング）と路面に埋設した磁気マーカ列を用いてガイダンスを行った（図 2-7）．

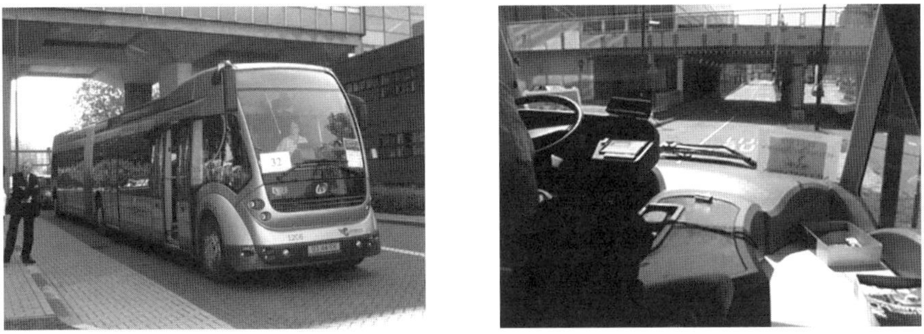

（a）　車両　　　　（b）　専用道を走行中の運転席

図 2-7　アイントホーフェンの自動運転バス Phileas（2008 年撮影）

2.4.2　大型トラックの隊列走行

ヨーロッパでは，PROMETHEUS の後継プロジェクトである T-TAP（Transport Telematics Applications Programme）において，1990 年代半ばからトラックの隊列走行を目指したプロジェクト CHAUFFEUR が開始された．その目的は，後続トラックの無人化による人件費削減と，小さな車間距離で走行することによる省エネルギー化にあった．しかし，トラックの隊列走行システムのマーケットが未熟ということで，2004 年頃にプロジェクトは終了した．

ドイツのアーヘン工科大学を中心としたチームはトラックの輸送量増強を目的として，4 台のトラックからなる自動隊列走行システムのプロジェクト KONVOI を 2005 年から 2009 年まで実施し，図 2-8 に示すように，公道で車間距離 10 m，速度 80 km/h のデモを行った[24]．先頭トラックはドライバが運転するが，後続トラックはマシンビジョンで検出したレーンマーカに沿って自動運転を行う．車間距離はレーダやライダ（レーザレーダ．3.2.2 項参照）で測定し，無線 LAN による車車間通信

図 2-8 ドイツのトラック隊列システム KONVOI（著者が S. Jeschke 教授から提供されたビデオから．2009 年撮影）

図 2-9 カリフォルニア PATH のトラック隊列走行（ネバダ州での実験）（カリフォルニア大学 PATH プログラム提供．2011 年撮影）

機能を備えている．

カリフォルニア PATH では，大型トラックの自動隊列走行の研究を 2000 年代初頭から行っている[24]．この目的は，高速走行時に空気抵抗を減らすことによる省エネルギー化にある．2011 年には，図 2-9 に示すようにネバダ州の公道を閉鎖して 3 台のトラックを速度約 90 km/h，車間距離 6 m で走行させ，燃費低減率が，先頭車 4.54%，中間車 11.91%，後尾車 18.4% という結果を得ている．この実験は，海面に比べて空気の密度が 80% となる海抜 1800 m の高地で行われたが，もし海抜 0 m の場所で速度 115 km/h（現在アメリカ合衆国内で長距離トラックが走行している速度）で走行すれば，燃費低減率はこれらの 1.5 倍まで伸びる可能性があるとしている．縦方向制御はライダ，ミリ波レーダ，5.9 GHz 帯の車車間通信を用いて自動化したが，操舵はドライバが行った．

我が国の経済産業省は，2008 年から開始したエネルギー ITS プロジェクトでトラックの自動隊列走行システムを取り上げている[24]．その目的は，カリフォルニア PATH と同様，空気抵抗の減少による省エネルギー化と CO_2 排出削減による地球温暖化防止にある．自動運転の方式はマシンビジョンを用いた自律方式で，システムの信頼性を向上させるために多種のセンサが用いられ，隊列内では車車間通信を行い，制御装置には高信頼性設計が施されている． 詳細は 4.2.3 項を参照されたい．

2.4.3 新しいコンセプトの自動運転

2008 年頃からヨーロッパで行われた二つのプロジェクト，HAVEit（Highly Automated Vehicle for Intelligent Transport） と SARTRE（Safe Road Trains for the Environment）は，従来にない新しいコンセプトに基づく運転支援・自動運転システムである．

2008 年から 2011 年まで行われた HAVEit は，自動運転にきわめて近い運転支援を目指したプロジェクトである．この運転支援のコンセプトは，作業者の作業パフォーマンスは，負荷が大きくなるにつれて増加するが，最適なレベルを超えると減少するというヤーキーズ・ドットソンの法則[25]に基づいている．これにより，道路工事中に設けられた狭いレーンを走行するときなどのドライバの負荷が非常に大きい場合と，渋滞時のノロノロ運転時など負荷が非常に少ない場合に自動運転を行うものである[26]．対象とした車種は乗用車，大型トラック，路線バスで，乗用車では，高速道路での自動運転，衝突回避緊急ブレーキ，道路工事中の狭いレーンでの自動操舵，運転支援から自動運転までの制御，ACC および車線維持（白線追従）の自動操舵制御などの機能をもつ車両が開発された．また，トラックでは，渋滞時などの 0 ～ 30 km/h での先行車自動追従，車線維持（白線追従）の自動操舵制御などの機能をもつ車両が開発され，2011 年 6 月にスウェーデンでデモが行われた．

また，環境対策を目的として 2009 年に開始された SARTRE では，図 2-10 に示すように，先頭車をヒューマンドライバが運転するトラック，後続車群を自動運転のトラックと乗用車群とする隊列システムが開発されており，これは Autonomous Road Trains とよばれている．先頭車となるトラックには，HAVEit で開発したヒューマンドライバが運転するトラックを使用し，後続の乗用車にはすでに商品化されている衝突防止システム[27]や車線維持支援システムを装備する．このシステムの特徴は，可能な限り商品化されている装置を用いることで，自動運転のための追加の費用が安価（1 台あたり約 2000 ユーロ）な点にある．2012 年にスペインやスウェーデンでデモを行って，プロジェクトは終了した．先頭車を手動運転のトラック，2 台目を自動運転のトラック，3 台目から 5 台目を自動運転の乗用車とし，走行速度 60 km/h，車間距離 6 m のとき，燃費低減率は，先頭車が約 5%，後続車が約 15% であった．

HAVEit は渋滞時や工事時の狭いレーンを走行するときの自動運転であり，SARTRE は隊列の中での自動運転である．いずれもある条件下での自動運転であり，

図 2-10　SARTRE の隊列システム（SARTRE ワークショップ資料．2012 年開催）

これらはSAEのレベル4の自動運転ということができる.

2.4.4 小型低速車両の自動運転

ヨーロッパでは，1990年代の後半から小型低速車両の自動運転システムが開発されている．図2-11は，1990年代末にアムステルダムのスキポール空港の駐車場で試用されていたParkShuttleという小型低速車両である．駐車場に車を駐めた旅行者が，空港行きのシャトルバスが発着する駐車場入り口との間を移動するときに利用するものであった．利用者の呼び出しによるオンデマンド型で，横に動くエレベータのようなものである．自動運転の方式には，自律方式と，路面に埋設したトランスポンダを利用する路車協調方式が併用されている．

フランスの国立情報学自動制御研究所INRIAでは，1990年代から小型低速車両の自動運転システムの研究を行っており，2011年頃には，図2-12に示すような小型低速車両の自動運転システムを開発している．このシステムもオンデマンド型で，車両は無人で走行する．自動運転のための技術はGPSに基づく自律方式である．この車両やParkShuttleは，低速で走行するためSAEのレベル4の自動運転である．

図2-11　スキポール空港の駐車場で試用されたParkShuttle（1998年撮影）

図2-12　フランスINRIAの小型低速無人車両（2011年撮影）

2.5 第5期：商品化を目指す自動運転システム

Googleが自動運転乗用車を試作し，2009年からカリフォルニア州の公道で走行実験を開始して以来，自動運転の研究開発は商品化を目指して新しい展開を見せている．Googleの自動運転車は，アメリカ国防総省国防高等研究計画局（DARPA）が主催した二種の技術コンテストである2004年と2005年のGrand Challengeと2007年のUrban Challengeの優勝車をベースに開発したものである．ただし，両Challengeは，自動車交通とは無縁の軍用車両の無人化を目的としたものであった．

2.5.1　Google の自動運転車

Google は，乗用車や SUV を改造した車の他に独自に開発した 2 人乗りの小型車を用いて，2017 年現在，カリフォルニア州サンフランシスコ周辺をはじめ，アリゾナ州ツーソン周辺，テキサス州オースティン，ワシントン州カークランドで公道実験を行っている．現行の Google の自動運転車は，3 種のライダ（視野角 360° の短距離ライダ，高分解能中距離ライダ，長距離ライダ），視野角 360° のマシンビジョン，4 個のレーダのセンサをもつ自律方式である[28]．さらに，緊急車両や警察車両の接近を検出する音響センサや自車位置の確認のための GPS を装備している．Google は，自動運転の目的を安全の向上とモビリティの確保に置いている．なお，Google の自動運転は 2016 年 12 月に傘下のウェイモ（Waymo）社に移管された．詳細は 4.1.5 項を参照されたい．

2.5.2　自動運転乗用車の商品化

Google の活動に刺激されてか，多くの自動車会社や自動車部品会社に加えて IT 関連会社から乗用車の自動運転システム（SAE のレベル 3 以下も含む）の発表が 2013 年頃から相次ぎ，また自動運転車の公道での走行実験も数多く行われている．自動運転システムには，詳細なデジタル地図データベースや，高度なセンシングシステムによる道路シーンや交通状況の理解が必要なため，人工知能技術を得意とする IT 産業の参入は当然のことである．このような自動運転車の商品化に向けての動向を背景に，自動車関係の法律や制度の見直しが，各国政府や国際機関で始められている．詳細は 5.4 節を参照されたい．

ダイムラーは，2013 年 8 月にマンハイムからプフォルツハイムまでの約 100 km の道を，自動運転車に改造した乗用車 S-500 で走行実験を行った[29]．この道は，1888 年 8 月にベルタ・ベンツ（カール・ベンツの妻，共同創業者）が Benz Patentmotorwagen で，世界で初めて長距離自動車旅行を行った道である．この行程には，市街路（たとえばハイデルベルクの都心部）や田舎道などの道路と，信号がある交差点，信号がない交差点，ラウンドアバウト（ロータリー），対向車がある狭い通路，歩行者の存在などさまざまな交通環境が含まれていた．この自動運転車のセンサは，短距離レーダ 4 個，長距離レーダ 8 個，単眼カメラ 2 台，ステレオカメラ 1 台で，これらのセンサの視野を表 2-2 に示す（Google の自動運転車などが用いている視野角 360° のライダは使われていない）．ダイムラーは，この自動運転による走行を「注意深いヒューマンドライバの運転と比べてはるかに劣る」と評価している．

表 2-2 ダイムラーの自動運転車のセンサ（文献[29]に基づき著者作成）

センサの種類	装着位置	視野の方向	視野の大きさ
ステレオカメラ	ウィンドシールド	車両前方	80 m，44°
カメラ	ウィンドシールド	車両前方	130 m，90°
	リアウィンドウ	車両後方	
長距離レーダ	車両前部	車両前方	
	車両左右前側部計 2 箇所	車両側方	60 m，56°
	車両後部	車両後方	
	車両前部	車両前方	
	車両左右前側部計 2 箇所	車両側方	200 m，18°
	車両後部	車両後方	
短距離レーダ	車両左右前部角計 2 箇所	車両斜め前方	40 m，150°
	車両左右後部角計 2 箇所	車両斜め後方	80 m，150°

2.5.3 自動運転トラックの商品化

乗用車だけでなくトラックの自動運転システムの開発も進んでいる．ダイムラーは，2014 年に自動運転トラック Future Truck 2025 をアウトバーンで自動走行させ，2016 年 3 月には 3 台の大型トラックによる車間距離 15 m の隊列走行のデモをデュッセルドルフ近郊のアウトバーンで行った．燃費削減効果は 7% とされている．自動運転中の運転席は「モバイルオフィス」と位置づけている．

一方，アメリカでは，2016 年 10 月にはコロラド州でビール 5 万本を積んだセミトレーラがインターステートハイウェイ 25 号線を SAE レベル 4 の自動運転で約 190 km 走行した．走行中ドライバは運転席を離れていた．このトラックの開発者は，タクシーの自動配車を行っている Uber の関連会社 Otto で，元 Google の技術者らが含まれている．このトラックの自動運転の目的はドライバ不足の解消にある．

2.6 運転支援システム実用化の略史

運転支援は，自動運転と共通の技術をもつが，自動運転とは独立に，当初は主として利便性を目的として実用化が図られてきた．SAE の自動化レベルにみられるように，運転支援から自動運転への連続した発展が考えられるようになったのは比較的近年のことで，1980 年代においても予防安全（事故を未然に防ぐ安全．事故時に乗員の安全を図る安全は衝突安全という）を目的とした運転支援システムはほとんど存在しなかった．ここでは，我が国における運転支援システムを中心に述べる（表 2-3）．

運転支援システムにおいて，縦方向の運動制御を継続的に行う自動化レベル 1 の

表 2-3 我が国における運転支援システム実用化の例

年	システム名	注（利用されたセンサなど）
1964	クルーズコントロール	電子式
1981	カーナビナビゲーションシステム	地磁気方位利用．目的地の方位と目的地までの直線距離の表示．
	カーナビゲーションシステム	ガスレイトジャイロ利用．地図上に走行軌跡と現在位置を表示．
1982	後退時障害物警報（バックソナー）	超音波利用
1983	居眠り警報	居眠り時特有の操舵パターン検出
1989	車間距離警報	ライダ利用，大型トラック用
1990	カーナビゲーションシステム	GPS 利用
1995	アダプティブクルーズコントロール	ライダとカメラ利用
2001	車線維持支援	カメラ利用
2002	車線逸脱警報	カメラ利用
	夜間視界補助	近赤外線利用
2003	衝突被害軽減ブレーキ	レーダ利用
	駐車操舵支援	センサ不使用（開ループ制御）
2004	夜間歩行者検出	遠赤外線利用
2006	衝突回避操舵支援	レーダとカメラの併用
2007	車線逸脱防止	カメラ利用
2010	衝突回避ブレーキ	カメラ利用
2015	車車間通信利用衝突防止	760 MHz 帯の車車間通信利用
2016	駐車操舵速度自動制御	カメラ利用
	同一車線内操舵速度自動制御	カメラ利用

注：車種の注記があるものを除いてすべて乗用車用のシステム．

最初のシステムは，1958 年にクライスラー社が採用した定車速走行システム（クルーズコントロール）であろう．車間距離などの走行環境の検出機能はもたず，速度を一定に保つだけの機能であった．クルーズコントロールは我が国でも 1964 年に実用化されている．クルーズコントロールは，ドライバにとってアクセル操作が不要となり利便性が向上するだけでなく，一定速度で走行することから燃費の向上にも効果があった．

クルーズコントロールを発展させた ACC は，1995 年に三菱自動車が世界で初めて実用化した．最初の ACC の減速はエンジンブレーキだけで速度も高速域だけであったが，21 世紀になって，主ブレーキの制御も行い，全速度域で利用できるような全車速域 ACC システムが自動車会社各社から実用化されている．

衝突防止のための自動ブレーキは継続的な制御ではないので，本書で定義している走行の自動化を行うシステムではない．しかし，技術内容は全車速域ACCと類似していて，全車速域ACCに先がけて，2003年にトヨタ自動車が世界初のシステムを実用化した．当初はドライバがシステムに依存してブレーキ操作を十分に行わなくなることを心配して，速度を下げて衝突時の被害を軽減するためのシステムとして実用化された．スバルの自動ブレーキシステムが停止まで制御を行い，1.2.1項で述べたように安全効果が高いことが理解され，ACCとあわせて全車速でスロットルとブレーキを制御する縦方向の運動制御機能が，広く実用に供されることになった．

横方向の運動制御を行うシステムについては，自動車会社は導入に非常に慎重であったが，21世紀になって実用化が始まった．実用化に関しては二つの流れがある．一つは駐車の自動化である．2003年にトヨタが駐車時のハンドル操作を自動で行うシステムを世界で最初に実用化した．そのシステムはハンドル操作だけ自動制御され，速度はドライバが制御するものであった．その後速度も自動制御されるものや車外からガレージに駐車させるものなどが実用化されている．もう一つは，車線に沿ってレーン内を走行することを支援するシステムである．これには大きく分けて二つある．一つは，車線からはみ出しそうになったときに修正制御を行い，車線から逸脱して事故になることを予防する車線逸脱防止システムである．これは継続的な制御ではない．もう一つは，車線に沿って走行するように連続的にハンドルを制御する車線維持支援システムである．車線維持支援システムは，本書第2版執筆時点では運転支援システムの位置づけで，ドライバがハンドルを握って操作を行っていることが前提になっている．近い将来に自動運転システムに位置づけし直され，ハンドルから手を離していても作動するシステムが登場するとみられている．

2016～2017年にかけて，これらの縦方向制御と横方向制御を組み合わせた高速道路用運転支援システムが，日本やヨーロッパのメーカで実用化された．ドライバが方向指示器で要求したときに自動的に車線変更するシステムや，衝突回避のための車線変更を行うシステムもすでに一部実用化されている．自動化レベル2のシステムは，さまざまな機能のシステムが各社から発売され，実用化に向けたアナウンスも盛んに行われ，激しい競争が繰り広げられている．

コラム　技術史から学ぶ ― 温故知新

第2章では，自動運転システムの歴史的な流れを述べた．初期の研究はすでに半世紀以上前であり，現代の読者にとっては陳腐化して見える事柄もあるかもしれない．しかし，電子技術やコンピュータ技術の発展とともに紆余曲折を繰り返しながら自動運転技術が発達したことを知ることは，読者の課題解決のヒントになるだろう．

このような技術史の重要性について，機械工学の大家である三輪修三の言葉を紹介する[30]．

「科学でも工学・技術でも，その本質は所与の知識（これを経という）の中にあるのではなく，その知識が作られ変化していく過程（これが史）の中にこそ存在する．知識を創り出す知識と能力．これが真に求められるものだ．このような知識と能力は経によっては与えられず，史を学ぶことによって得られる．史を無視すると科学も工学・技術も生きた存在ではなくなり，創造力はしぼんで知識すら育たなくなってしまう．経よりも史を．史によって経が生きるのである．」

第 3 章

自動運転のための技術

自動運転では，ドライバに代わって，機械が運転中の認知，判断，操作を行うために，それぞれに対応した技術が必要となる．認知はセンサ類によるセンシング技術，判断はコンピュータやコントローラによる制御技術，操作はコンピュータやコントローラからの信号によって動作するアクチュエータ技術に対応する．本章では，これらを実現するための，センシング，通信，制御用コンピュータ，走行制御と経路計画，HMI，操作のための装置について述べる．

3.1 自動運転システムの構成

自動運転車が，障害物を回避しながら設定されたコース（参照路）に沿って走行する機能をもつためには，図 3-1 に示すようなフィードバック制御系を構成する必要がある．車両が移動した結果，参照路からの偏差や，前方に先行車や障害物がある場合は安全距離からの偏差が生じるかもしれない．自動運転装置がこれらの偏差を打ち消すように車両に操作量を加えることで，車両は参照路に沿って安全に走行することができる．これが自動運転のメカニズムである．

このメカニズムについてもう少し詳細に考えてみよう．車両の制御は，横方向制御と縦方向制御からなるが，前者はハンドルの操作に対応し，後者は車速や車間距離の制御で，アクセル，ブレーキの操作に対応する．車両が参照路に沿って走行するためには，参照路の検出機能と横方向制御機能が必要であり，先行車が存在する場合に安全な速度または車間距離で走行するためには，先行車までの車間距離の検出機能と縦方向制御機能が必要である．さらに，障害物を回避するためには障害物検出機能と，

図 3-1　自動運転システムを構成するフィードバック制御系

横方向制御と縦方向制御の両方の機能が必要である．横方向制御と縦方向制御は，実時間性が要求される下位の物理層に位置づけられる．いわば小脳的機能（1.3 節）である．

自動運転車が出発地から目的地まで移動するためには，これらの制御機能に加えて，出発地から目的地までの経路計画を行う，交通規則に従う，制限速度を守る，交通標識に従う，無信号交差点では優先順を遵守する，など実際の交通に即した制約のもとで行動計画を生成する機能が必要である．この機能は，必ずしも実時間性が要求されない上位の論理層に位置づけられ，下位の物理層が小脳的機能をもつのに対して，大脳的機能である．図 3-2 は，物理層と論理層に分けて自動運転のための制御系を示したもので，図 1-16 と図 1-17 を装置面から捉えたものである．

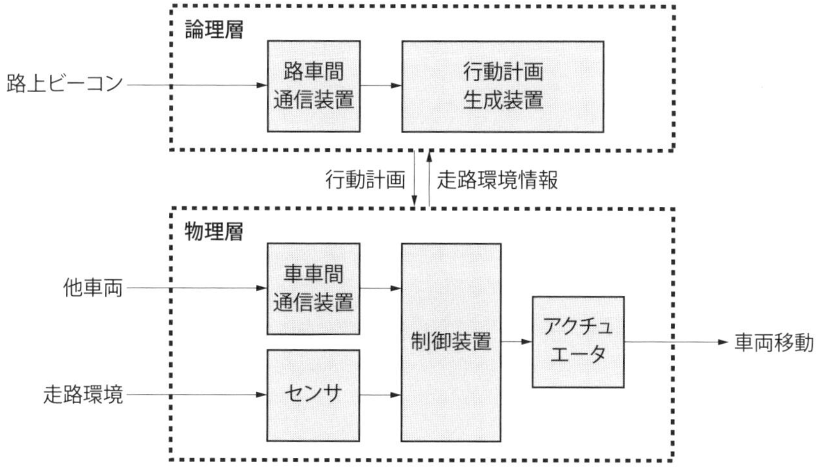

図 3-2　自動運転システムの要素

下位の物理層では，まず，参照路や障害物などの走路環境がセンサで検出，認識されて制御装置に入力される．また，車車間通信装置で得た周辺の車両，とくに直前の先行車からの情報も制御装置に入力される．制御装置で走路環境に最適な操舵と速度，加速度が決定され，アクチュエータに入力される．最後に，アクチュエータの出力によって車両が移動する．

上位の論理層では，出発地と目的地に基づいて行動計画生成装置で行動計画を生成する．路車間通信装置で経路誘導情報などを得ることもある．行動計画は下位の物理層に送られ，下位の物理層で検出された走路環境などに関する情報は，上位の論理層に送られる．

3.2 センシング技術

自動運転のためのセンシング技術には，自車位置の検出，道路やレーンなど車両が走行する経路である参照路の検出，先行車や障害物など車両周辺の物体の検出に大別される．表 3-1 に，主な車載センサのセンシング対象と概要を示す．

表 3-1　主な車載センサのセンシング対象

センシングの対象	車載センサの種類	説明
自車位置	差動オドメタ，速度センサ，加速度センサ，方位センサ，角速度センサなどの組み合わせ（推測航法，慣性航法）	車載センサだけで絶対自車位置を測定し，地図と照合して走行する
	全地球航法衛星システム	GPS などの衛星を用いて自車位置を測定し，地図と照合して走行する
参照路	誘導コイル	参照路を示す路面下の誘導ケーブルを利用して，経路に対する横方向の偏差を検出する
	磁気センサ	参照路を示す路面の磁気マーカ列を利用して，経路に対する横方向の偏差を検出する
	ビジョンセンサ	車載カメラで道路やレーンを検出する
車両周辺の物体	ビジョンセンサ	車載カメラで車両周辺の障害物を検出する
	レーダ	電波を発射し，障害物からの反射波を受信して，障害物の有無とそこまでの距離を検出する
	ライダ	レーザ光を発射し，障害物からの反射光を受信して，障害物の有無とそこまでの距離を検出する．路端やレーンマーカを検出すると経路が特定できる

3.2.1　自車位置のセンシング

地球座標系における自車位置（絶対自車位置）のセンシングは自動運転の基本となる技術であり，とくに自車位置を地図データと照合して参照路に沿って走行する方式の自動運転では必須である．そのためのセンシング技術は，車両に積載されたセンサだけで計測する推測航法（Dead Reckoning）と，GPS（Global Navigation System）など全地球航法衛星システム（Global Navigation Satellite System, GNSS）による方法に大別される．

自動運転に限らず自動車が自車位置情報を必要としたのは，1980 年代のカーナビゲーションシステムが最初であった．当初のカーナビゲーションは推測航法によっていたが，その精度は良くなかった．1990 年代になって GNSS が使えるようになると，精度が飛躍的に向上した．自動運転の分野で自車位置情報を用いた研究は 1980 年代に行われているが，本格的な研究は，おそらく 21 世紀になってからの DARPA の Grand Challenge が最初であろう．

自動車の運動は，図 3-3 に示すように，車両の重心位置（x, y, z）と，x 軸，y 軸，z 軸周りの角度（ロール ϕ，ピッチ θ，ヨー ψ）の 6 変数で表現される．自動運転では，とくに 2 次元平面上の位置（x, y）と方位（ヨー，ψ）の 3 変数が重要である．

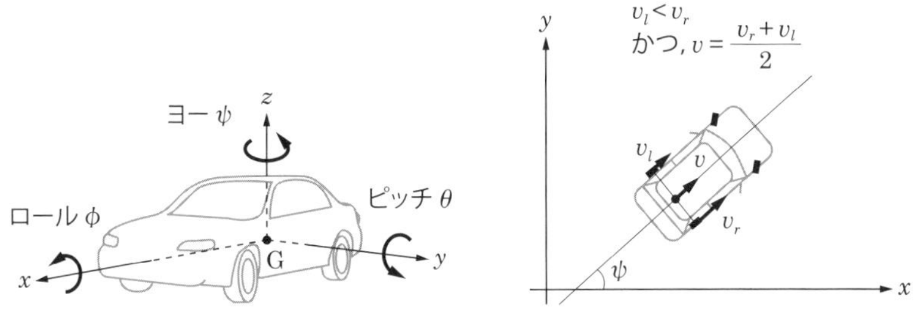

（a） 運動を表す変数　　（b） 差動オドメタによる車両位置の計測

図 3-3　自動車の運動

（1）推測航法による自車位置のセンシング

推測航法は，自車内に装備されたセンサだけを用い，外部の情報源は用いないで自車位置と方位を測定する方式である．推測航法によるセンシングでは，一般に速度や加速度を計測してこれらのデータを積分し，位置と方位を求めるが，GNSS を用いると位置を直接求めることができる．推測航法において各センサの出力を積分して位置と方位を求めることは，あわせてセンサの雑音やバイアスも積分することになり，得られたデータは誤差を含まざるを得ない．したがって，推測航法で得たデータは，外部からの信号，たとえば GNSS によって補正する必要がある．

a）差動オドメタによるセンシング

まず，両後輪の走行距離から自車位置を求める方法について述べよう．車両の走行距離計のことをオドメタ，とくに左右後輪の走行距離の差から自車位置を計測するセンサを差動オドメタという．左右後輪の速度差から車両のヨー ψ を求めることができ，さらに積分することによって重心位置 x, y を求めることができる．

車両の速度を v，左右後輪の速度を v_r，v_l，左右後輪間の距離トレッドを d とし，車両の旋回時に幾何学的関係が保たれるものとすると，以下の関係式が成立する．

$$\frac{dx}{dt} = v\cos\psi$$

$$\frac{dy}{dt}=v\sin\psi$$

$$\frac{d\psi}{dt}=\frac{v_r-v_l}{d}$$

$$v=\frac{v_r+v_l}{2}$$

これらの微分方程式から明らかなように，左右後輪の速度を測定すれば，ヨーレイト（方位 ψ の1階時間微分，角速度）を求めることができ，ヨーレイトを時間で積分してヨー（方位）を求めれば，重心の x 方向，y 方向の速度が得られ，さらにこれらを時間で積分すれば，重心の位置 (x,y) を求めることができる．左右後輪の速度は，図3-4に示す電磁ピックアップ方式などで測定する．以上が差動オドメタによる自車位置と方位のセンシングの基本であるが，上記の車両の方程式が成立しない状態や車輪のスリップが，センシングの誤差になる．車両の方程式は横滑り角を無視しているため，方程式には誤差が含まれる．

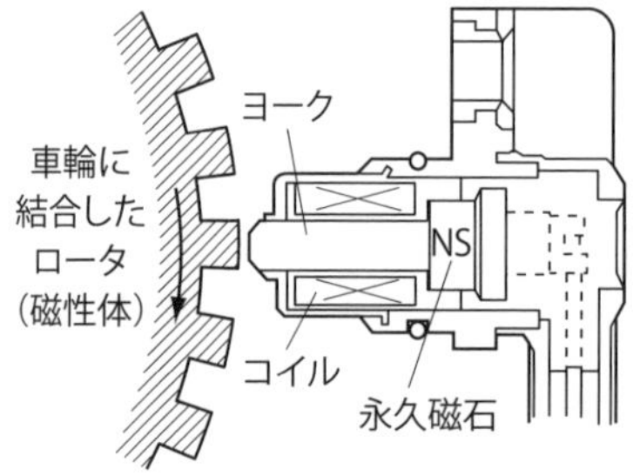

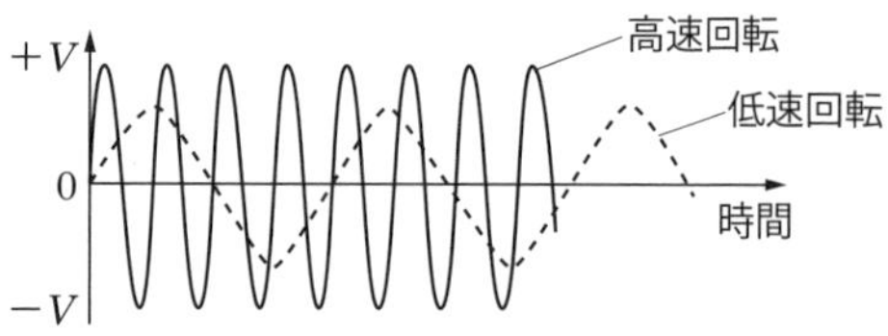

図3-4　電磁ピックアップ方式による車輪回転速度センサ

b）方位のセンシング

方位の計測には，磁気コンパスも用いられる．磁気コンパスで地磁気を測定すると，絶対方位角（ヨー）を測定することが可能である．磁気コンパスは，2個または3個の地磁気センサを直交させて構成する．地磁気センサには，フラックスゲート方式センサ，ホール素子，磁気抵抗素子などの磁気センサが用いられる．磁気コンパスで注意すべき点は，コンパスが示す北が必ずしも真の北ではない点である．磁気コンパスが示す北は時間とともにわずかに移動し，また測定地点によって異なる．国土地理院の磁気図2015によれば，たとえば，札幌では西に約9°，東京では西に約7°，福岡では西に約6°，沖縄では西に約5°偏っている．

路面の参照線に対する車両の方位は，車両の前部と後部における，横方向制御のための参照線と車両の進行方向軸（図3-3（a）における x 軸）の距離からも求めることができる（図 3-37 で後述）．1960 年代に我が国で作られた自動運転車では，横方向制御を行うために，車両前部に装着された一対のピックアップコイルで参照線からの偏差を測定したが，同様に後部にも一対のピックアップコイルを装着して参照線からの偏差を測定し，参照線に対する車両の方位を求めた．同様の方法が，2000 年代の我が国のプロジェクトであるエネルギー ITS で開発された自動運転トラックにも用いられている．すなわち，車両の前側部と後側部に装着されたマシンビジョンが検出したレーンマーカ（参照線）の位置から，車両のレーンマーカに対する方位を測定している．

c）加速度のセンシング

車両の x 軸方向と y 軸方向の加速度，および z 軸周りの角速度を計測し，その結果を積分することによって自車位置と方位を求めることができる．これを，慣性航法（Inertial Navigation System, INS）という．

加速度センサは，マス（質量）がバネとダンパで支えられている系でマスの移動距離によって加速度を測定するもので，図 3-5 に原理を示す．

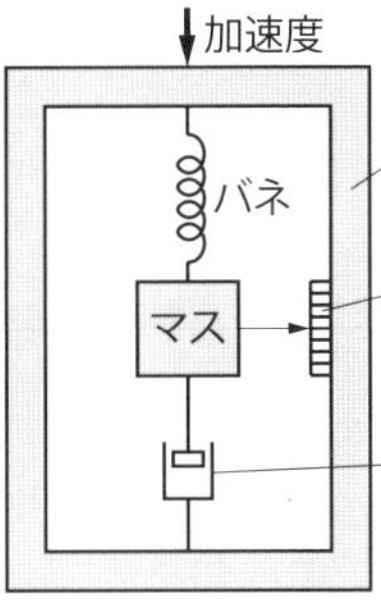

図 3-5　マス - バネ - ダンパ系による加速度センサの原理

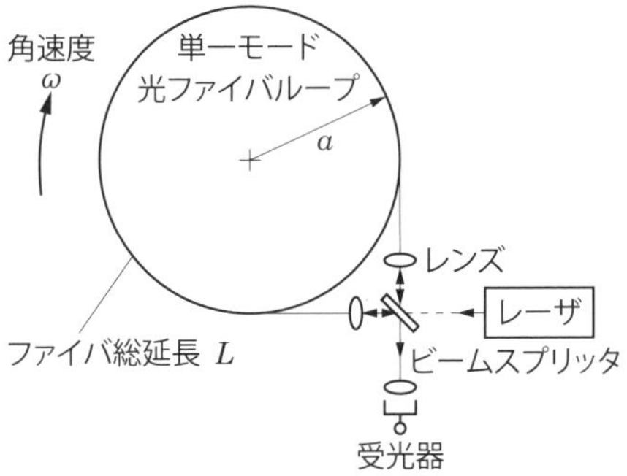

図 3-6　光ファイバジャイロの構成

マスの運動方程式は，マスの位置を x，質量を m，ダンパの係数を r，バネ係数を k，外部から加わる力を F とすると，

$$m\ddot{x} + r\dot{x} + kx = F$$

と表される．この系が加速度センサとして機能するのは，外部から加わる力 F の角振動数を ω，この系の固有角振動数を ω_0 として，

$$\omega_0 > \omega$$

のときである．このような加速度センサは，現在では MEMS（Micro Electro

Mechanical System）で作られており，マスの変位に相当する量は，ストレインゲージで測定される．

d）角速度のセンシング

現在用いられている角速度センサにはいくつかの種類がある．安価で簡便な角速度センサは，振動型ジャイロである．振動する物体が回転していると，その回転軸に垂直な平面上で，振動方向に対して垂直な方向に力が発生する．この力はコリオリ力とよばれ，振動子の変形をストレインゲージで検出する．音叉を用いて振動型ジャイロを構成し，２組の振動子を反対方向に振動させ，左右のコリオリ力を逆にすると，コリオリ力の検出子に横加速度がかかっても，差動構造によって横加速度を相殺することが可能となる．

また，光ファイバジャイロは高精度の角速度が検出可能である．このジャイロは，図 3-6 に示すように，単一モード光ファイバを円形にして多数回巻いた光路で構成し，レーザ光を時計方向と反時計方向のそれぞれに伝搬させる．光学系全体が慣性空間に対して回転していると，伝搬方向によって光路に差ができ，回転角速度に比例した位相差を生じる．このジャイロはきわめて高精度で，理論的な検出限界は 10^{-8} ラジアン / 秒である．

（2）全地球航法衛星システムによるセンシング

右左折時あるいは車線変更時など白線がない区間での自動走行や，他の自動運転車と協調しながら走行する協調走行では，自車の走行位置を標定するための測位技術が必要となる．図 3-7 に，ある交差点における右折時の走行イメージを示す．右折車線から直進する走行車線に正確に右折を行う場合，右折のための目標走行軌跡座標の生成と，生成された目標走行軌跡に沿って走行するための操舵制御が必要である．正確

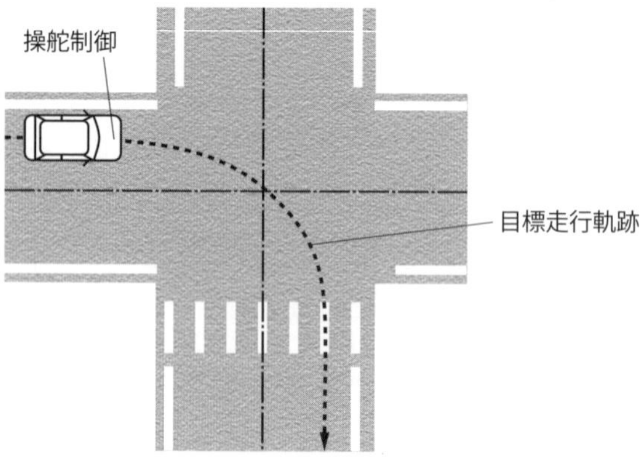

図 3-7　右折時の走行イメージ

な右折制御を行うためには，目標軌跡と実軌跡のフィードバック制御が求められ，実軌跡を検出するには，つぎに述べる高精度な測位技術が必要となる．

この測位技術として，人工衛星を利用して測位を行う全地球航法衛星システム（GNSS）が現在運用されている．主な GNSS には，GPS（アメリカ），GLONASS（ロシア），Galileo（ヨーロッパ）などがある．表 3-2 に運用中の GNSS の主な仕様を示す．また，地域航法衛星システムとして，日本が構築中の準天頂衛星システム QZSS（Quasi-Zenith Satellite System），中国の北斗 1[1]，インドの NavIC[2]がある．

表 3-2　GNSS の概要

システム	国	信号方式	軌道・周期	衛星数	周波数
GPS	アメリカ	CDMA	20200 km, 12.0 h	31 機	1.57542 GHz（L1 信号） 1.2276 GHz（L2 信号）
GLONASS	ロシア	FDMA/CDMA	19100 km, 11.3 h	24 機（最終：30 機）	約 1.602 GHz（SP） 約 1.246 GHz（SP）
Galileo	ヨーロッパ	CDMA	23222 km, 14.1 h	14 機（最終：30 機）	1.164 ～ 1.215 GHz 1.215 ～ 1.300 GHz 1.559 ～ 1.592 GHz

a）GPS

アメリカ合衆国は軍事目的のため，1974 年に最初の衛星 NAVSTAR（Navigation System with Time and Ranging）を打ち上げ，1995 年にシステムが完成した．現在，高度 20200 km の地球の周囲 6 本の軌道上に各 4 個の衛星が配置され，さらに予備の衛星がいくつか用意されている．これら約 30 個の GPS 衛星のうち，上空にある 4 個の衛星からの信号を受信し，（発信－受信）の時刻差に電波の伝搬速度（光の速度と同じ 30 万 km/s）を掛けることによって，その衛星からの距離を求める．そして，4 個の GPS 衛星からの距離をもとに地球上の 1 点の位置を決定する．衛星からは，L1 信号とよばれる電波（1.57542 GHz）に乗せられた C/A コードを用いて衛星との距離を求めるが，さまざまな誤差のため測位精度は約 10 m 程度である．カーナビでは，主に L1 信号を用いた測位が行われている．

図 3-8 に示すように，4 個の衛星の位置を (x_i,y_i,z_i) $(i=1,2,3,4)$，車両の位置を (x,y,z)，各衛星の時計が示す時刻を T_i $(i=1,2,3,4)$，車両の GPS 受信機の内部時計が示す時刻を t，電波伝搬速度を c とすると，x,y,z,t の四つの未知数に関する四つの方程式

$$\sqrt{(x_i-x)^2+(y_i-y)^2+(z_i-z)^2}=c|T_i-t| \quad (i=1,2,3,4)$$

が成立する．この式の左辺はピタゴラスの定理に基づく衛星から車両までの距離であ

り，右辺は衛星と車両の間の時刻差（衛星と車両の間の電波の伝搬時間）に電波の伝搬速度を乗じて求めた衛星から車両までの距離である．衛星は原子時計を用いているため時刻は正確であるが，車両の受信機の内部時計は必ずしも正確ではないため，この時刻を未知数に加える必要がある．この連立方程式の解（x,y,z）が，車両の現在位置を与える．以下に述べるように電波伝搬速度が変化するため，こうして求めた車両の位置には誤差が含まれる．誤差を小さくするためには，適切な位置にある衛星からの電波を受信する必要がある．

GPSにおいて電離圏や対流圏での電波特性の変化により，若干の電波伝搬速度の遅延が生じる場合がある．表3-3に誤差要因と誤差の標準偏差を示す[3]．これによって，計算で定めたはずの空間上の一点の信頼性が損なわれる．一般的に受信機からみてGPS衛星が低仰角の場合，この誤差は増加する傾向がある．これは，大気中を電波が伝搬するときの遅延による影響が，高仰角（薄い大気を通過する）よりも低仰角（厚い大気を通過する）で大きいからである．

この電離圏や対流圏での電波特性の変化によるGPSの測位誤差を小さくする方法が開発されており，この方法はD-GPSやRTK-GPSとよばれる．D-GPS（Differential GPS）は，測位対象となる移動局の他に，別の手段で位置のわかっている基地局でもGPS電波を受信し，誤差を消去する測位方法である．基地局で生成された補正情報を移動局に送信し，位置の補正処理を行うことができる．D-GPSの測位誤差は数mである．図3-8にD-GPSシステム構成を示す．

また，RTK-GPS（Real Time Kinematic GPS）は，D-GPSと同様に，電子基準点から受信する電波の位相差を計測し測位計算する方法で，数cmの測位精度が得られる．アメリカで行われた自動運転レースUrban Challengeでは，多くの自動運転

表3-3 誤差要因と誤差の標準偏差

誤差要因	距離誤差の標準偏差（m）
軌道情報	2.1
衛星時計	2.1
電離層伝搬遅延	4.0
対流圏伝搬遅延	0.7
マルチパス	1.4
受信機ノイズ	0.5
計	10.8

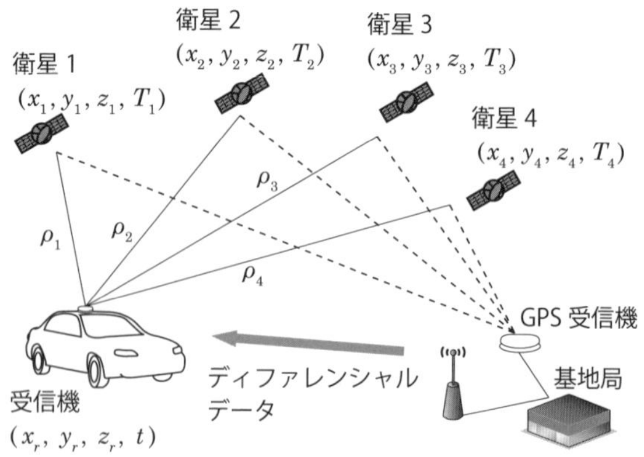

図3-8 GPSおよびD-GPSシステム構成

車にRTK-GPSが用いられた．

なお，測位情報を用いて右折や左折，車線変更などの目標軌跡走行制御を行う場合，GPSからの信号は約0.1毎秒の間隔でしか受信できない．このため，時速100 kmで走行した場合，位置情報がない状態で約2.7 m走行してしまうため，軌跡走行の制御精度は低下する．また，GPSからの情報が受信できない場合も想定される．このため，GPSから求めた位置情報の他に，ヨーレイトや速度より走行位置を求める慣性航法が併用されている．

b）準天頂衛星システム（QZSS）

準天頂衛星「みちびき」は，GPSによる測位精度や性能低下を改善するために構築された航法衛星システムである．約8時間つねに仰角70°以上で受信できる位置に衛星が存在するように，軌道が制御されている．図3-9に「みちびき」の衛星軌道と特徴を示す．これにより，高層ビルが林立する地域や山間部などGPS衛星からの信号が受信しにくい地域でも，1個以上の衛星からの信号を受信する可能性が増えるため，測位ができない状態を大幅に改善できる．

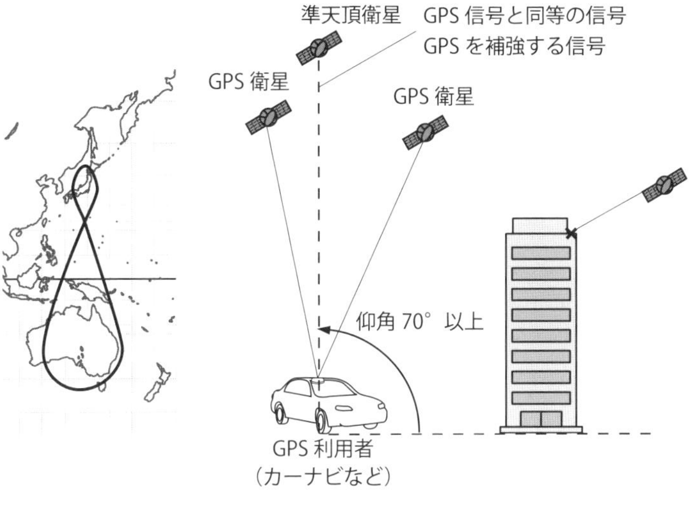

図3-9　「みちびき」の衛星軌道と特徴

また，「みちびき」からは，GPS衛星には含まれていない測位補正情報が送信されている．D-GPSやRTK-GPSでは，固定基地局で得られた補正情報を電話回線などを用いて移動局に送信して測位精度の向上が図られているが，「みちびき」からは，D-GPSと同等のサブメータ（1 m未満）の測位精度を得るためのL1-SAIF信号とよばれる補正情報と，RTK-GPSと同等の数cmの測位精度を得るためのL6信号とよばれる位置補正情報が送られてくる．このため，GPSによる測位情報の信頼性や品

表 3-4 「みちびき」の補正情報[4]

信号	中心周波数（GHz）	概要
L1C/A	1.57542	GPS 補完信号
L1C	1.57542	
L2C	1.22760	
L5	1.17645	
L1-SAIF	1.57542	高速移動体用
L6	1.27875	JAXA 独自実験用 GPS 機能補強用

質は大幅に向上するが，「みちびき」からの信号を受信するための専用受信装置が必要となる．表 3-4 に「みちびき」から送信される補正情報を示す．

c）中国の北斗 1 とインドの NavIC

中国とインドも，GPS に依存しない独自システムの構築を行っている．現在は，両方とも自国付近でのみ利用できる地域航法衛星システムである．

中国の地域航法衛星システム「北斗 1」は，2000 年から中国と周辺国に提供開始された．2012 年までに 16 機の衛星が打ち上げられ運用範囲がアジア太平洋地域へ広がり，2013 年に正式にサービス提供を開始した．特徴は静止衛星と対地同期衛星を利用していることである．衛星はつねに中国付近の上空に存在していて，測位計算が容易である．システムは，双方向通信による漢字 120 字までのショートメッセージが利用できる．2008 年の四川大地震のときに，使えなくなった携帯電話網を補って災害時情報システムとして活躍した．中国は，衛星 35 機による全地球航法衛星システム「北斗 2」の 2020 年の運用開始を発表し，今後の動向が注目されている．

インドは，独自のインド地域航法衛星システム「NavIC」を構築した．中国の北斗 1 と同様に，静止衛星と対地同期衛星を用いている．全体で 9 機の衛星を利用して，インドおよびインド洋をカバーする．2018 年までに 8 機の衛星の軌道投入が完了した．そのうち 3 機が静止衛星で，残りは対地同期衛星である．

（3）環境認識による自己位置のセンシング

ライダやカメラ画像を用いて自己位置をセンシングする方法は，SLAM（Simultaneous Localization and Mapping）とよばれている．これは，主に移動ロボット用に開発された自己位置センシング方法の一つで，GPS が利用できない屋内空間で有効な技術である．図 3-10 に SLAM の基本原理を説明する．

まず，あらかじめ自分が走行するルートにて，高精度なライダを用いて出発位置

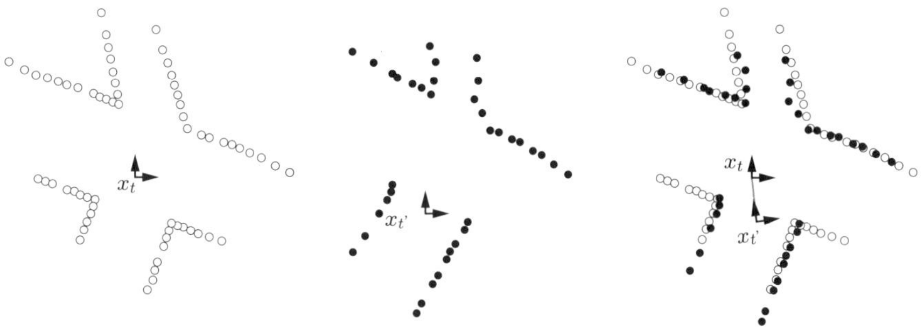

（a）事前に収集した道路の点群データ　（b）自車による距離データ　（c）マッチングと自己位置検出

図 3-10　SLAM の一種であるスキャンマッチングの仕組み

から目的地までの道路の点群データ（ポイントクラウドともよばれる）を収集する．自動運転の場合，10 cm ～ 20 cm ごとに道路の点群データが収集される事例が多い．この道路点群データを収集する方法として，MMS（Mobile Mapping System）とよばれるシステムを搭載した計測車が多く用いられている．この MMS 計測車には，高精度ライダ，RTK-GPS，高精度慣性計測装置（IMU），高精度オドメタが搭載されている．

つぎに，この道路点群データを用いて自己位置をセンシングする方法について説明する．自動運転車にはライダが装着されており，自車からの周辺の距離データを計測する．つぎに，自車のライダにて収集した距離データと，MMS 計測車にて収集したすべての点群データを比較し，最も近似する点群データを探索する．そして，最も近似した点群データより自己位置を検出するのである．

この環境認識による自己位置センシングは，トンネル内や狭隘地など上空の衛星を見通すことが困難で，航法衛星システムが利用できない場所において自車の位置を把握することができる．都市部などにおいて利用価値が高い．今後，ライダやカメラが多く搭載されることが予想され，この技術が有効に利用できるので発展していくと考えられる．

3.2.2　外界センサ

（1）参照路のセンシング

走行レーンに沿って車線維持制御を行うためには，走行レーンを表すレーンマーカと車両の偏差を検出するレーンマーカセンシング技術が必要となる．これまで，さまざまな走行レーンマーカとレーンマーカセンシング技術が開発されており，表 3-5 に主なレーンマーカセンシング技術を示す．

表 3-5　主なレーンマーカセンシング技術

方式	レーンマーカ	センシング技術		事例
磁気マーカ方式 	磁気マーカ	磁気センサ • 磁気抵抗素子 • ホール素子	①水平，垂直磁界検出方式 垂直磁界成分と水平磁界成分の比より偏差を検出	後述の図 4-3
			②垂直磁界検出方式 磁気アレーセンサにより磁界ピーク位置を検出	トヨタ IMTS
誘導ケーブル方式 	磁界誘導ケーブル	電磁ピックアップコイル 水平磁界用ピックアップコイルと垂直磁界用ピックアップコイルの出力比より偏差を検出		• ゴルフカート • 工場内の AGV（無人搬送車） • テストコースにおける自動車の各種試験
白線検出方式 	白線	• 画像認識（前方白線） ルームミラー近傍に取り付けられたカメラ画像より白線を認識		種々の運転支援システム
		• 画像認識（直下白線） 車両側方に取り付けられたカメラ画像より白線を認識		エネルギー ITS
		• レーザ光 車両側方より照射されたレーザ光の路面反射強度より白線を認識		エネルギー ITS

磁気マーカ方式は，道路に磁気マーカとよばれる永久磁石を埋設し，車両中央部に取り付けた磁気センサで磁気マーカと磁気センサとの横方向の偏差を検出する方式である．

また，誘導ケーブル方式は，道路に設置された電線に通電することにより発生する磁界を車両に設置したコイルにより検出し，水平磁界と垂直磁界の2成分により横方向の偏差を検出する方式である．たとえば，ゴルフ場内の自動ゴルフカートに使用されている．白線と同じように道路に2本の誘導ケーブルを設置する方式もある．一方，白線検出方式は，カメラやレーザを用いて画像中の白線位置より横方向の偏差を検出する方式である．

以下に，主なレーンマーカおよびレーンマーカセンシング技術について述べる．

a）磁気マーカセンシング技術

磁気マーカセンシング技術は，レーンマーカとして磁気マーカを用いて，走行レーン中央に埋設された磁気マーカを車両側に搭載された磁気マーカセンサにて検出して，車両と磁気マーカとの偏差を検出する技術である．現在，レーンマーカに磁性ゴム棒を用いた磁気マーカセンシング方式が，工場内の無人搬送車用として実用化されている.

一方, 自動車用の磁気マーカセンシング技術として, 永久磁石の磁気マーカを用いた磁気マーカセンシング技術が開発されている. これは, 磁気マーカから発生する磁界の強度を増大して検出の信頼度を向上するため, 磁石を棒状に成形し, マーカをレーン中央に離散的に配置する方式である.

図 3-11 に, トヨタ自動車が開発した自動運転バス「トヨタ IMTS」で開発された磁気マーカセンシング技術を示す. 磁気マーカ列はレーンの中央に沿って 2 m 間隔で設置され, 磁気マーカと車両との偏差を検出する磁気マーカセンサは車両の床下に設置されている（図 3-11（a））. 車両と磁気マーカとの偏差を精度良く検出するため, 磁気マーカセンサはアレー状に配置された磁気検出素子で構成され, 磁気マーカセンサが磁気マーカの直上に存在するときの磁気検出用各素子の検出電圧パターンより, マーカと車両との偏差を検出する方式が採用されている（図 3-11（b））. 3 cm 以下の距離検出分解能を実現するため, 磁気検出素子は約 2 cm 間隔で配置されている. 図 3-12 に, 磁気マーカセンサの構造と磁気強度特性を示す.

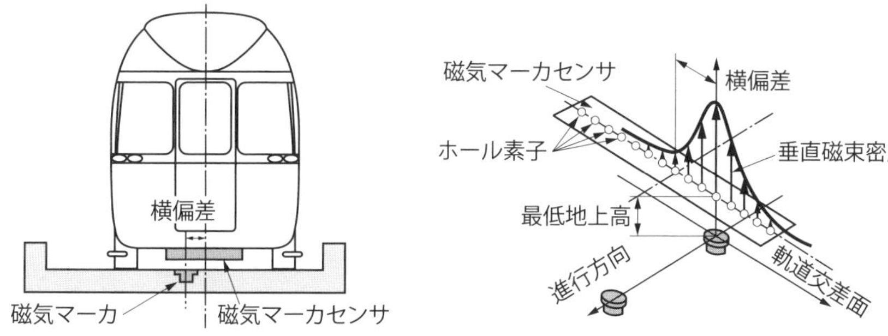

（a）磁気マーカと磁気マーカセンサ配置　（b）アレー配置と磁束

図 3-11　トヨタ IMTS 用磁気マーカセンシング方式

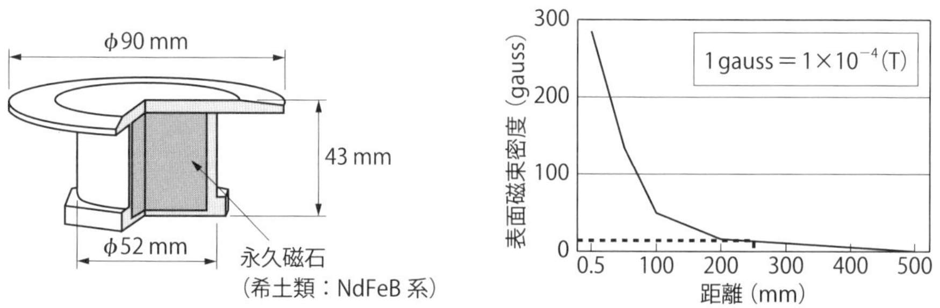

（a）磁気マーカ構造　（b）磁気マーカ強度

図 3-12　磁気マーカの特徴

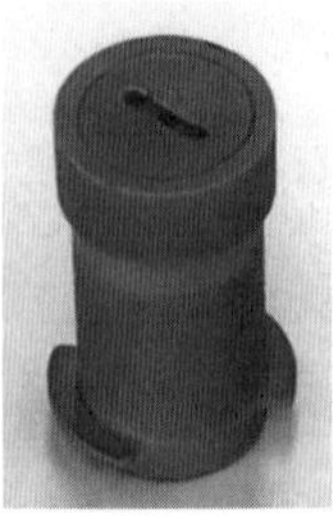

（a） 標準タイプ

（b） 扁平タイプ

図 3-13　隊列走行実験で用いられた磁気マーカの外見

1996年に建設省主管のもと供用前の上信越自動車道，小諸IC～東部IC間を使用して実施された隊列走行実験でレーンマーカとして磁気マーカが使用された（図3-13）．また，1997年にアメリカのサンディエゴ市のインターステートハイウェイ15号線にて実施された自動運転実験でも，磁気マーカが使用されている．その後，2005年愛知県で開催された万国博覧会「愛・地球博」の会場内輸送システムで実用化された．

磁気マーカ方式は，雨天や積雪などの自然環境に対してきわめてロバスト性が高いにもかかわらず，大規模な実用化実績はないが，自動運転バスの公道実験において，GNSSによる測位が不安定な山間地域で利用されている．磁気マーカが実用化・普及しなかった最大の理由は，磁気マーカの設置性および初期コストとメンテナンスコストにある．とくに公道で磁気マーカを使用した場合，道路舗装の保守のため，埋設された大型で高価なマーカを数年に一度廃棄する必要があり，これが公道での実用化のネックとなっていた．

しかし，最近，微弱な磁界でも検出可能なMI（Magneto-Impedance）効果を利用した，高感度磁気方式の位置センサが愛知製鋼により開発され，安価で小型の磁気マーカを利用することが可能となっている．図3-14に，微弱磁気マーカとMI効果を利用した位置センサを示す．

この位置検出器は，2000年初頭頃から普及し始めたMIセンサを応用したものである．このセンサはホール素子などに比較し，1000倍以上の高感度をもっているため，道路上に設置する磁気マーカの磁力を大幅に低く設定することが可能である．このため，以前のシステムで提案されたような高価な希土類磁石を使用する必要がなく，すでに広く使用されている安価なプラスチック磁石（フェライト磁粉をプラスチックで結合した複合材料）を使用することが可能となった．

このフェライト磁気マーカは，安価であるのみならず，高耐食性で靭性に富むため高い耐久性をもつ．また，磁化が非常に微弱なため，鉄系の異物を物理的に引き寄せることがない．一方，周辺の環境磁場ノイズから，微弱なマーカ信号のみ検出する信

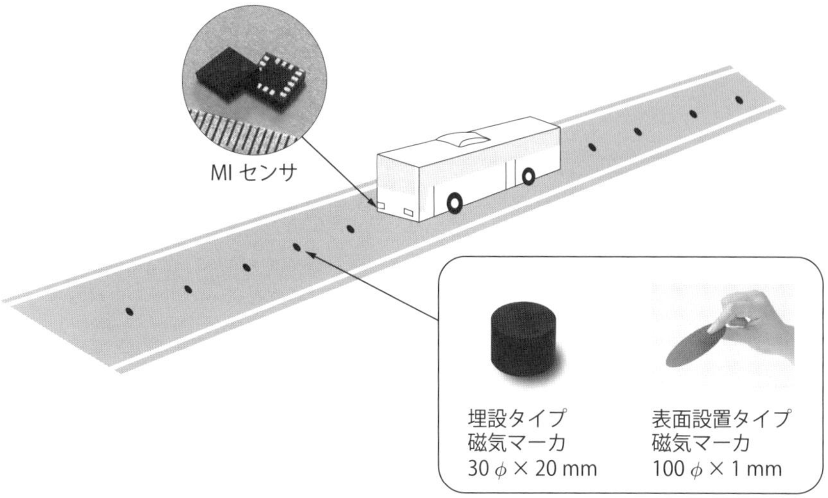

図 3-14　磁気マーカおよび MI センサ（センサ・マーカ写真は愛知製鋼提供）

号処理も開発され，路上のマンホールや並走するトラックに影響されず安定してマーカ信号を検出することが可能となり，以前の磁気マーカで指摘されたコスト面および運用面での欠点が払拭され，実用的で高い精度の位置検出が可能になった．

実際の磁気マーカとしては，道路上に貼り付けて設置できる，1 mm 厚× 100 mm φ の表面設置型と，磨耗などに配慮した埋設型（20 mm 厚× 30 mm φ）などが提案されている．これらは，専用の自動敷設機で連続的に路上に設置していくことが可能である．さらに，個体識別用の RF-ID を搭載した複合磁気マーカも開発されており，磁気による高精度の位置検出と，RF-ID 通信による絶対座標の特定も可能となっている．

b）区画白線検出技術

区画白線検出技術は，走行レーンに敷設された区画白線を検出するとともに，車両と区画白線との偏差を検出する技術である．検出技術としては，カメラにて撮像された画像より白線を検出する画像認識方式と，レーザ光より白線を検出するレーザ検出方式がある．

b-1　前方白線画像認識技術

前方白線認識技術は，現在製品化されている車線維持支援システム（Lane Keep Assist，LKA）に採用されている区画白線検出技術で，ルームミラー近傍に設置されたカメラからの画像より白線を認識する技術である．

図 3-15 に，カメラにて撮像された画像と白線認識処理画像の一部を示す．カメラ

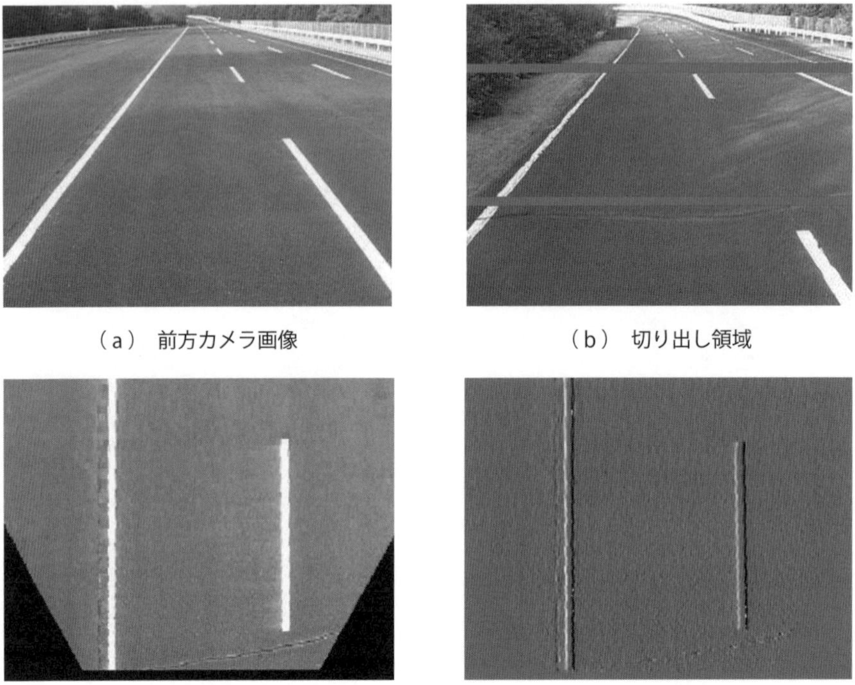

（ａ） 前方カメラ画像　（ｂ） 切り出し領域

（ｃ） 逆投影変換　（ｄ） 画像処理

図 3-15　前方白線画像認識（小野口一則教授提供）

で撮像された画像から白線認識に必要な画像の切り出し処理を行ったあと，道路を真上から見た画像に変換するため，図（c）に示す逆投影変換を行う．その後，図（d）に示すように，ソーベルフィルタとよばれる画像処理方法を用いて隣接画素との濃淡変化を検出し，この濃淡画像をもとに白線が検出される．

白線認識率は，クリアな画像が得られる自然環境において高い反面，雨天や西日，照度変化の激しい走行環境では大幅に低下してしまう問題を抱えている．さまざまな自然環境においても高い白線認識率が要求される自動運転では，大幅な性能改善が要求される．

b-2　直下白線画像認識技術

直下白線認識技術は，西日や雨天などの自然環境においても高い白線認識率が得られる白線画像認識技術である．西日や雨天などの影響をなくすため，カメラは車両の側方を撮像するように路面に対して，ほぼ垂直に取り付けられる．直下白線画像認識技術の一例として，「エネルギー ITS 推進事業」における自動運転・隊列走行開発プロジェクトで開発された実験車に搭載されたカメラと画像を，図 3-16 に示す．この例では，カメラは大型トラックのキャビン左側方部に取り付けられ，垂直方向の路面が撮像される．この画像より，前方白線認識で用いられた画像認識アルゴリズムなどを用いて白線が認識される．また，白線と車両との偏差を求めるため，撮像された画像を道路座標系に極座標変換し，車両と白線との偏差を求める．図 3-17 に，直下白線画像認識により得られた偏差検出性能を示す．この方法では，約± 2 cm の誤差で白線と車両間の偏差が得られている．

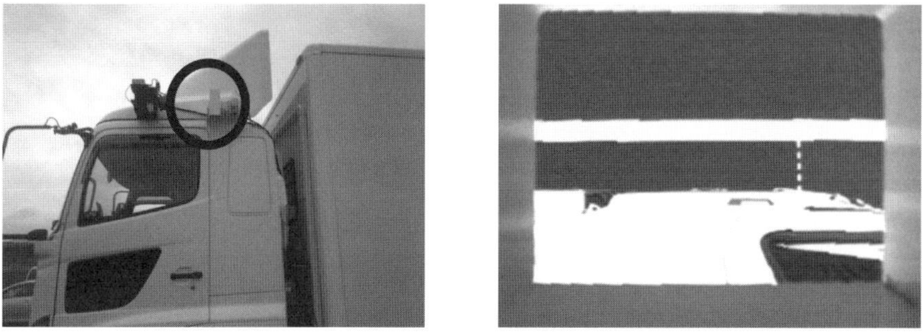

（a） カメラ取付状況　　（b） 白線画像

図 3-16　直下白線画像認識（出典：新エネルギー・産業技術総合開発機構（NEDO））

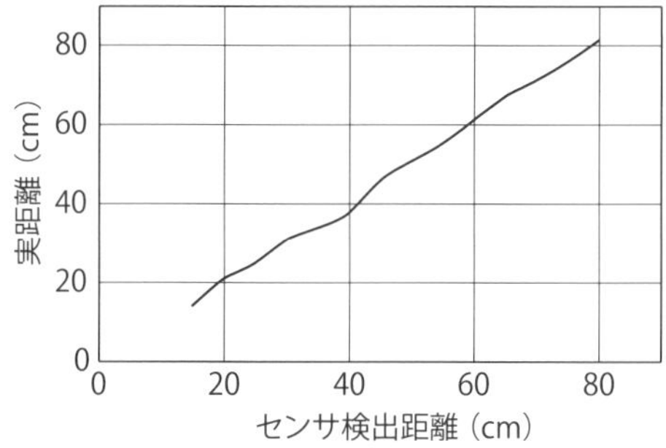

図 3-17　直下白線画像認識方式の偏差検出性能[2]
（新エネルギー・産業技術総合開発機構（NEDO）より書き起こし引用，編集）

b-3　レーザ方式白線認識技術

照度変化や路上影により白線認識性能が影響されるカメラ画像を利用した白線認識技術の対策として，レーザ光を用いて白線認識を行うレーザ方式白線認識技術が開発されている．この一例として，エネルギー ITS 推進事業で開発されたレーザ方式白線認識技術を図 3-18 に示す．車両のルーフ部にレーザ発受光装置が搭載されており，

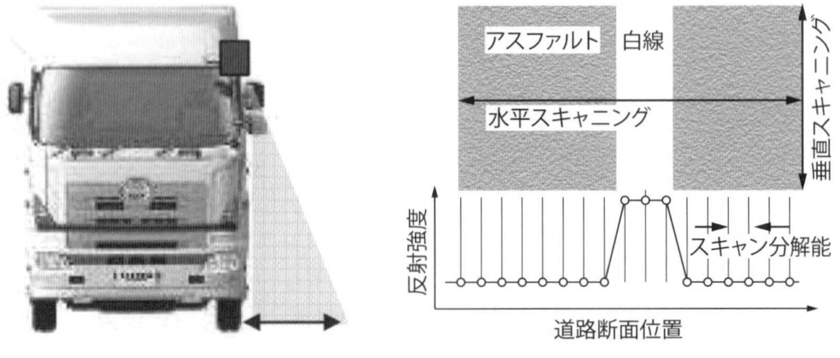

（a）　搭載状況　　　　（b）　検出方法

図 3-18　レーザ方式白線認識技術

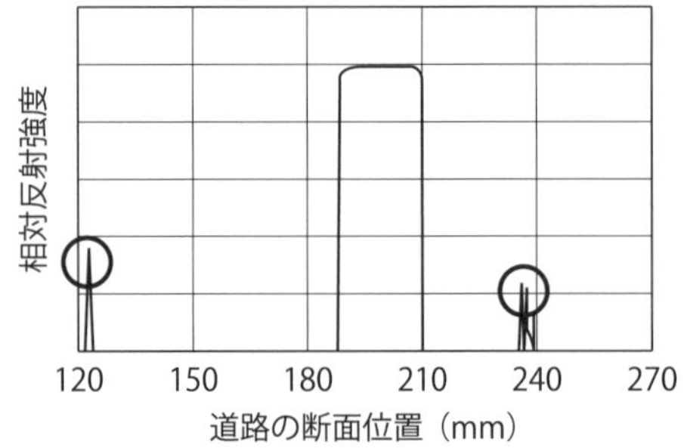

図 3-19　レーザ光路面反射特性[5]
（新エネルギー・産業技術総合開発機構（NEDO）より書き起こし引用，編集）

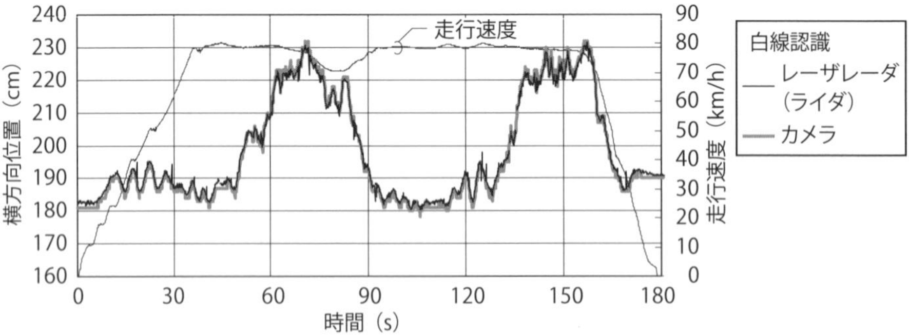

図 3-20　カメラ画像認識とレーザ方式白線検出の比較[5]
（新エネルギー・産業技術総合開発機構（NEDO）より書き起こし引用，編集）

レーザ光は進行方向に対し，直交方向にスキャニングされる．

レーザ方式による路面白線反射特性を図 3-19 に，またレーザ方式の白線認識性能を図 3-20 にそれぞれ示す．夜間でのドライバの視認性を向上するため，白線の表面層にはガラス粉が塗布されており，外光に対する反射率を高めている．したがって，アスファルトと白線では外光に対する反射率が異なるため，白線部からのレーザ光反射強度はアスファルト部に対し強くなる．これを利用して，スキャン 1 回あたりの反射強度波形より白線を認識することが可能となる．ここで，白線と車両との偏差は，レーザ装置の取り付け高さとレーザ光のスキャン角度より算出される．

図 3-20 に，通常自然環境下におけるカメラ画像認識とレーザ方式の白線検出の性能比較を示す．図から明らかなように，レーザ方式は画像認識と同一の検出性能が得られている．

（2） 障害物のセンシング

自動運転を行うためには，これまでヒューマンドライバが行っていた歩行者や走行車両などの走行環境認識を，自動運転システムが行う必要がある．このため，前方を低速で走行する車両や停止車両，道路横断中の歩行者，隣接レーンのすぐ横を走行する車両，隣接レーンの後方から接近する車両など，自動運転車の走行において障害となる障害物の検出技術が必要である．図 3-21 に，自動走行を行う際に必要となる前方障害物認識の検出領域例を示す．自動運転車の近傍エリアでは，隣接レーンを併走して走行する車両や，交差点や停止線で停止中に前方を歩行する歩行者を検出する必要がある．また，前方 40 ～ 50 m のエリアでは，車線変更する車両や停止車両，交差点を横断する走行車両を検出する必要がある．また，100 m 以上遠方のエリアでは，ACC を行うために車両の認識が必要となる．

障害物検出において必要な情報は，対象物までの距離や相対速度情報であり，これまでにミリ波レーダ，レーザレーダ（ライダ，LIDAR, Light Detection and

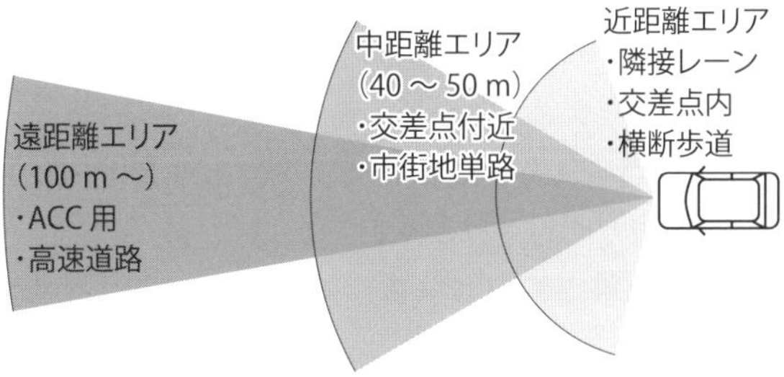

図 3-21 前方障害物認識の検出領域例

Ranging）およびステレオカメラが実用化されている．

a）ミリ波レーダ方式センサ

ミリ波レーダは，波長が約 1 cm 以下のミリ波帯の電波を用いた距離検出センサである．ミリ波レーダによる距離検出方式には，モノパルス方式，FM-CW（Frequency Modulated-Continuous Wave）方式，2 周波 CW 方式，および UWB（Ultra Wide Band）を用いた SS 方式（Spectrum Spread）などが実用化されている．ミリ波レーダに使用されている搬送周波数は，26 GHz，76 ～ 77 GHz および 79 GHz であるが，現在は 76 ～ 77 GHz が主に使用されており，検出距離は 150 m ～ 200 m 程度である．以下に，ミリ波レーダ方式で主に採用されているモノパルス方式と FM-CW 方式のミリ波レーダの距離検出原理を示す．

図 3-22 にモノパルス方式の距離検出原理を示す．モノパルスレーダでは，一定間隔で電波を発信後，電波が物体で反射し帰ってくるまでの時間を計測して距離を検出する．

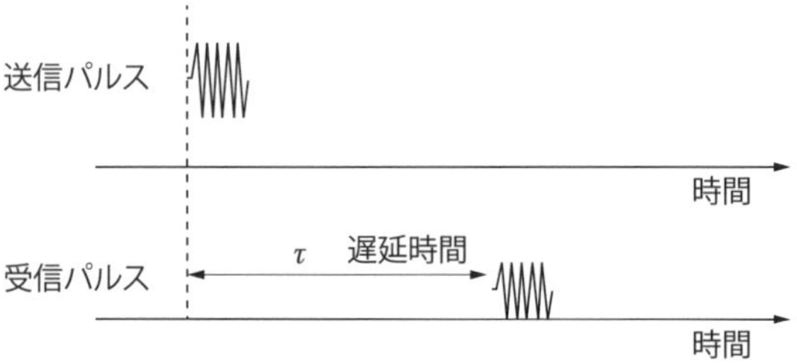

図 3-22 モノパルス方式レーダの距離検出原理

一方，FM-CW 方式は，ドップラー効果を利用して障害物までの距離と相対速度を検出するもので，構成と動作原理を図 3-23 に示す．ドップラー効果を用いるため，送信電波の搬送周波数は線形的に変化するように周波数変調する．アンテナで受信された障害物からの反射信号は，送信信号の一部とミキシングされてビート信号が得られる．ビート信号の周波数は障害物までの距離や相対速度に応じて変化する．これをフーリエ変換して分析することにより，距離と相対速度が検出される．

b）レーザレーダ方式センサ（ライダ）

レーザレーダ（ライダ）は前方にある物体までの距離と方位角度を検出するもので，レーザ光の発光から障害物で反射された反射光が受光されるまでの時間を計測することにより，障害物までの距離が検出される．遠方 100 m 以上の距離検出性能が求められるため，レーザ光はレンズなどを用いて絞られている．レーザ光が水平方向，垂直方向の 2 方向にスキャニングされない場合，すなわち，曲線区間や勾配がある道路では遠距離にある障害物を検出することができない．レーザ光をスキャニングする方

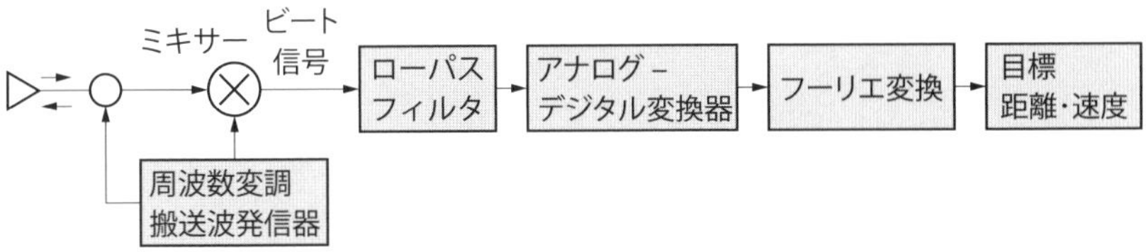

（a） 構成

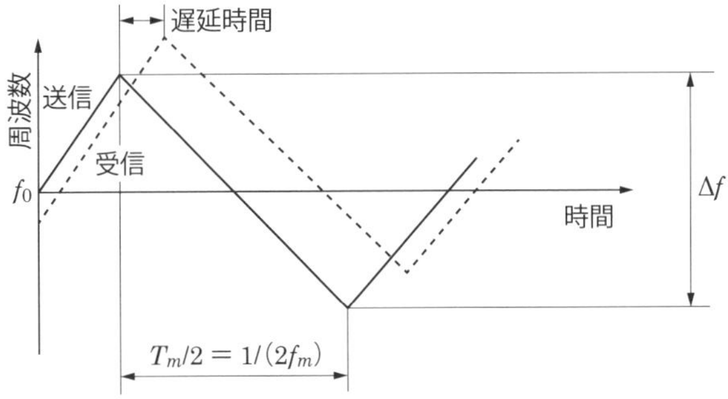

（b） 動作原理

図 3-23 FM-CW 方式レーダの距離検出原理

式として，現在までさまざまな方式が開発されている．その主な方式は，ポリゴンミラー方式，マルチビーム方式および MEMS ミラー方式（Micro Electro Mechanical System）である．

ポリゴンミラー方式は，ポリゴンミラーとよばれる多角形型ミラーを回転することにより，レーザ光が水平・垂直の 2 方向でスキャニングされている．図 3-24 に，ポリゴンミラーを用いたライダの構造を示す．ポリゴンミラーの各面の傾き角度はミラー面ごとに異なっており，ポリゴンミラーを 360° 回転することにより，発光器からのレーザ光は傾斜角度の異なるポリゴンミラー面で反射され，2 次元でスキャニングされる．

MEMS ミラー方式は，微小のミラーを電気的に 2 次元に振動させることにより，一つのレーザビームを 2 次元にスキャニングさせる方式である．また，ポリゴンミラー方式や MEMS ミラー方式と異なり，複数のレーザ光をもつマルチビーム方式のライダでは，複数のレーザ発光体が垂直方向に配置されるとともに，モータで回転することで水平方向にスキャニングされることにより，2 次元の距離が計測される．表 3-6 に，現在実用化されている代表的なライダの性能を示す．

c）ステレオビジョン

ステレオビジョンは，基線長とよばれる一定の間隔で配置された 2 個のカメラか

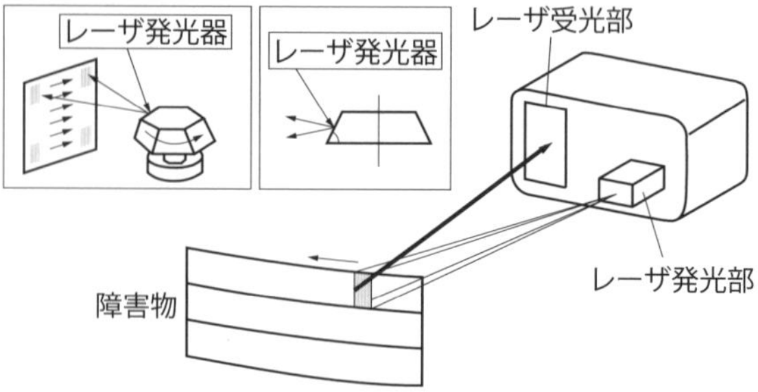

図 3-24　ポリゴンミラー方式レーザレーダ（ライダ）

表 3-6　主なライダの性能

方式	メーカ・型式	性能				
		検出距離	水平方位		垂直方位	
		範囲（m）	範囲	分解能	範囲	分解能
ポリゴンミラー方式	デンソー	120	36°	0.08°	8.8°	1.46°
MEMS ミラー方式	日本信号 FX10	15	60°	0.6°	50°	0.8°
マルチビーム方式	ベロダイン HDL-64E	120	360°	0.09°	10° 16°	0.5° 0.33°
	ベロダイン VLP-16	100	360°	0.1°～0.4°	30°	2.0°
	クアナジー Mark Ⅷ	300	360°	0.1°	20°	2.5°

らの画像を用いて，局所画像エリアにある物体までの距離を検出する技術である．図3-25 に，ステレオビジョンにおける局所画像エリアを用いた距離検出の原理を示す．たとえば，右カメラ画像のある局所画像エリアを X とすると，このエリア X を左カメラ画像の同じ垂直位置で 1 画素ごと水平方向に移動し，X における輝度の累積誤差を算出する．算出された累積誤差が最少となる水平移動量は距離に反比例するため，X にある物体までの距離が算出される．一時的に，この X は 3 × 3 の 9 画素程度である．

図 3-26（a）に撮像場面を示す．ステレオビジョンでは，右カメラと左カメラが離れていることでそれぞれの画像には視差が発生し，基線長に応じた異なった画像が撮像される．この右カメラ画像と左カメラ画像をもとに上述の局所エリアを 1 画素ずつスキャニングして，右画像と左画像のマッチング度合いから視差を計算し，得られた距離の結果を，図（b）に示す．ステレオビジョンにより検出された距離は色の違いにより表示されており，原図では，手前路面などの近い部分が暖色，先行車などの遠い部分が寒色で示されている．対応する点どうしの視差が距離に反比例して表示さ

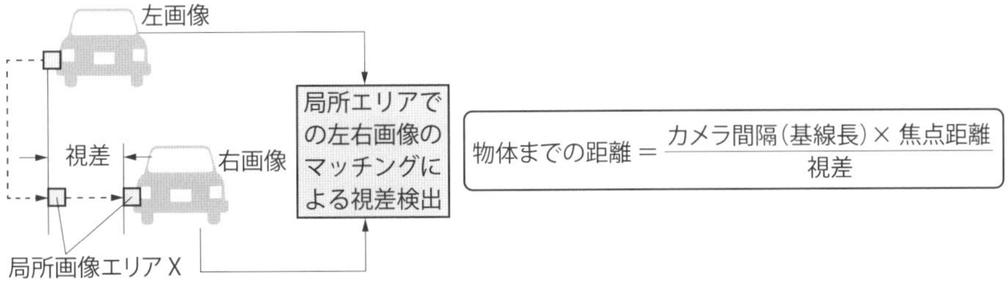

図 3-25 ステレオビジョンによる距離検出の原理

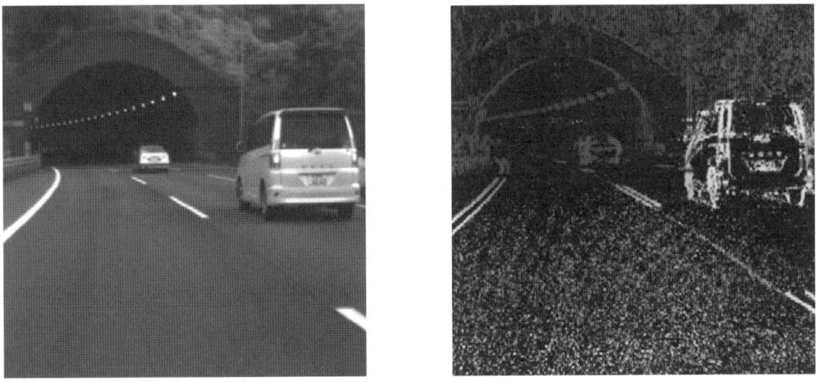

（a） 検出対象場面 （b） 視差検出距離計算画像

図 3-26 ステレオビジョンによる距離性能事例[5]
（出典：新エネルギー・産業技術総合開発機構（NEDO））

れている．

ステレオビジョンは，視差の違いにより近距離ほど距離検出精度が高く，遠距離になるほど精度が低くなる．また，夜間は日中に比べて輝度差が低下するため，距離精度も低下する．一方，ステレオビジョンは，ライダやミリ波レーダに比較して垂直方向の分解能が高いため，物体の形状認識が容易である特徴をもっている．

ステレオビジョンを用いた障害物検出による衝突被害軽減システムの実用化事例として，図 3-27 にスバル「EyeSight」にて搭載されたステレオカメラを示す．ステレオカメラは室内のバックミラー付近に設置されている．

d） 赤外線を用いたセンサ

赤外線とは，波長がおよそ 0.7 μm から 1000 μm の電磁波で，可視光の領域（波長がおよそ 0.4 ～ 0.7 μm まで）とは可視光の波長が長い方向に隣接している．このうち障害物のセンシングに用いられるのは，波長がおよそ 0.7 μm から 2.5 μm の近赤外線と，4 μm から 1000 μm の遠赤外線で，いずれの波長域の赤外線も 2000 年代

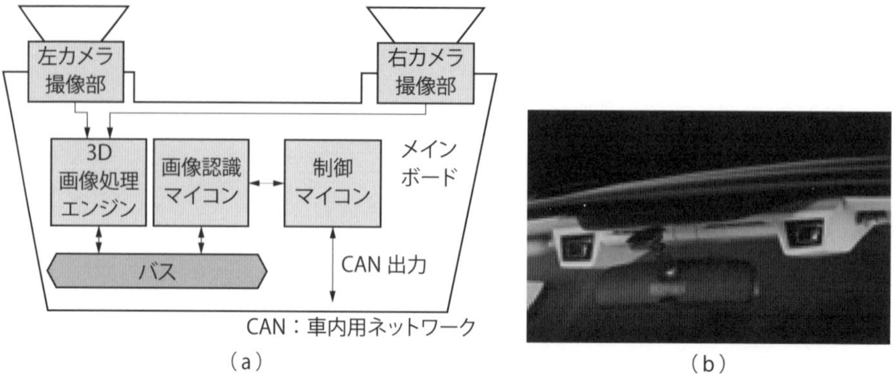

図 3-27　スバル「EyeSight」ステレオカメラ[6]

に乗用車用のシステムに導入された．

近赤外線を用いたシステムは，夜間の道路環境の視認性を向上させるシステムである．このシステムは，波長が 0.85 μm の近赤外線を車両前方に照射し，ヘッドライトの照射が及ばない前方の道路環境を CCD カメラ（CCD カメラは赤外線領域にも受光感度をもつ）で撮像してモニタに表示する．

遠赤外線を用いたシステムは，対象の温度を検出することによって障害物を検出するため，多くの場合，歩行者など人の検出に用いられる．検出対象の温度が人の体温である 36℃のとき，人から放射される赤外線の波長（最大エネルギーが配分されている波長）はおよそ 10 μm である．

この領域の波長の赤外線を検出するセンサは 2 種に大別される．一つは，光電型半導体センサ（光を電気に変換するセンサ）であるが，光の波長が長い場合には半導体内の熱雑音を抑制するために液体窒素（−196℃）で冷却する必要があり，車載のセンサには適さない．もう一つは熱変換型センサで，熱電対に基づくサーモパイルや強誘電体を用いた焦電型センサなどがあり，これらは冷却の必要がないため，車載のセンサに適している．2000 年代には，ステレオ遠赤外線カメラを用いた夜間歩行者認知支援システムが我が国で商品化されている[7]．また最近では，通常の CCD カメラと同じ画素数である 640 × 480 ピクセル（VGA）のサーモパイル型遠赤外線カメラが試作されている．

（3）センサフュージョン

センサフュージョンとは，たとえばレーダとカメラのような異なる特性をもつ複数のセンサからのデータを統合的に処理することによって，単独のセンサからでは実現できない新たなセンシング機能を実現する技術のことである．自動運転においてセンサフュージョンが必要なのは，各センサの感度や視野がそれぞれ異なり，単独のセンサでは自動運転に必要な性能が得られないからである．データの統合的処理には，拡張カルマンフィルタ，データベース，ニューラルネットワークなどいくつかアルゴリズムがある．たとえば，自動運転の基本となる自車位置の計測では，図 3-28 に示すように x，y，z 各方向の加速度とロール ϕ，ピッチ θ，ヨー ψ の各角速度を出力する慣性航法装置，ロール ϕ，ピッチ θ，ヨー ψ を出力するコンパス，x，y，z，車両速度，ヨー ψ を出力する GNSS の 3 種のセンサからの各出力データを拡張カルマンフィルタで処理して，自車位置（x，y，z）とそれぞれの速度･角速度，ロール ϕ，ピッチ θ，ヨー ψ とそれぞれの角速度を求めることができる．また，図 3-29 に外界センサ群による環境センシング時のセンサフュージョンの例を示す．レーン，走路や障害物の検出には，センサからの出力に加えて地図データ，自車位置データ，あらかじめ用意された画像データベースを用いる場合もある．

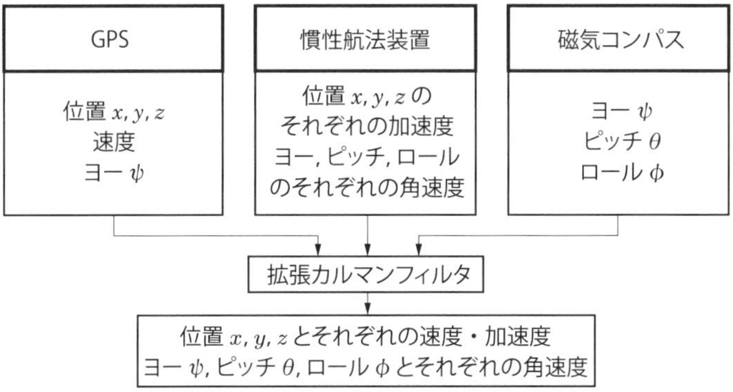

図 3-28　自車位置計測のためのセンサフュージョン

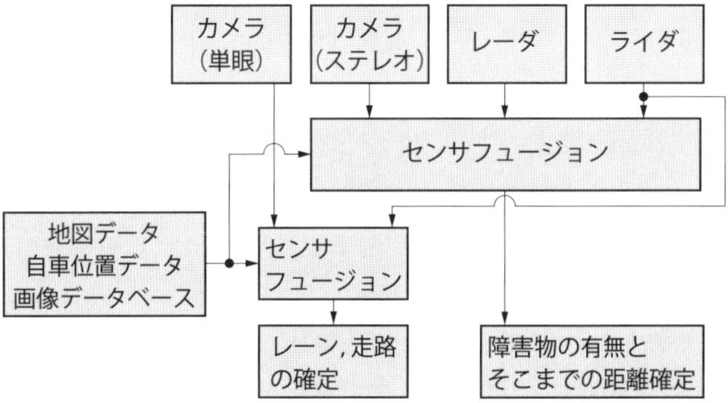

図 3-29　外界センサ群によるセンサフュージョンの例

3.2.3 インフラセンサ

路車協調方式自動運転では，路側にセンサ（インフラセンサ）を設置して障害物や路面状態を検出することがある．障害物などのセンシングの方法として，自動車が行う方法と道路インフラが行う方法があるが，表 3-7 に示すようにそれぞれ長所・短所をもっている．たとえば，自動車によるセンシングは，走行中にその周りのことを検出するので，その情報はいつでもどこでも使えるという長所があるが，カーブの先や交差点における死角の障害物の検出は不可能である．インフラセンサをこのような場所に設置すると，自動車だけでは検出不可能な危険を早めに知ることができるが，設置された場所の情報しか検出できないという問題がある．この二つを組み合わせると，必要な情報が的確に検出できる．以下，AHS 研究組合（Advanced Cruise-Assist Highway System Research Association）において開発したインフラセンサの概要を示す[8]．

表 3-7　自動車とインフラのセンシングの比較

項目	自動車単独	道路インフラ
自車両周辺情報入手	得意	不得意
遠方，死角の情報入手	不可能	可能
利用可能場所	すべて	設置場所のみ
視点の自由度	小	大
天候の影響	受けやすい	受けにくい
信号処理量	小	大
他情報とのリンク	困難	制約少ない
個別判断	得意	不得意
総合判断	不得意	得意
反射的機能支援	得意	不得意
思考的機能支援	不得意	得意

□＝長所，■＝短所

(1) 障害物検出センサ

車両，落下物，歩行者などの位置を検出する．図 3-30 に示すように，測定間隔ごとの位置変化を追跡することができる．それにより，停止している障害物だけでなく，低速で走行している危険な車両や，低速から停止に至った車両がわかり，渋滞末尾の変化状況などを検出することができる．センシング方法として以下の方法が開発された．それぞれ特徴があり，目的用途や場所によって使い分けられるようになっている．

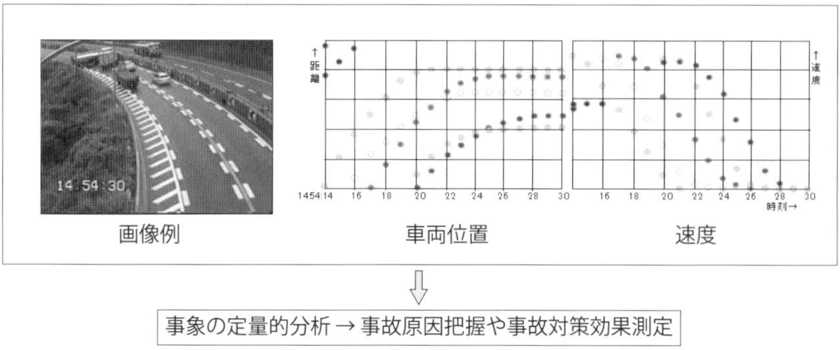

図 3-30　インフラセンサによる車両位置と速度の変化追跡（AHS 研究組合研究成果資料を組み合わせて著者作成）

a）可視画像方式センサ

可視画像方式センサは，路側に設置されたカメラで道路上を撮像し，画像処理して障害物を検出する（図 3-31）．道路監視などに広く使用されているものと同種のカメラを利用するので，共用により低コストで実現できる長所があるが，雨・霧・雪・夜・影・逆光などの光学的コントラストが小さい環境で性能が低下するという短所がある．

図 3-31　可視画像方式センサの画像（AHS 研究組合研究成果資料を組み合わせて著者作成）

b）赤外画像方式センサ

遠赤外カメラによる，温度情報を利用して障害物を検出する．自動車はエンジンなど高温の部分があり，路面の温度と大きく異なるため検出が可能である（図 3-32）．可視画像方式センサの性能が低下する光学的コントラストが小さい環境でも，検出性能が優れている．モノクロではあるが可視画像を得ることもでき，監視や記録用と共用することもできる．一方で，走り始めたばかりでエンジンやタイヤが暖まっていないときのように，温度コントラストの少ない車両を見つけにくいなどの短所もある．

c）ミリ波レーダ方式センサ

ミリ波レーダ方式センサは，画像系のセンサと比較すると長い波長の電波を利用するため，雨・霧・雪などの天候の影響を受けにくい全天候型のセンサである．障害物の車線位置を判断するために，電波をスキャニングして方向を検出している．スキャ

図 3-32　赤外画像方式センサの画像（AHS 研究組合研究成果資料）

ニングに時間がかかるため，検出時間が長いという短所がある．電波を2箇所から発して三角測量の原理で距離と方向を検出する，ステレオ方式のレーダセンサも検討された．

d）レーザレーダ方式センサ（ライダ）

細く絞ったレーザ光でスキャニングしながら障害物を検出する．細いビームで検出するため，一般の自動車に比較して歩行者や自転車などの小さな障害物を検出することができ，位置も詳細にわかる．ただし，2次元でスキャニングを行っているため，検出時間が長くなるという短所がある．

（2）路面状況把握センサ

路面状態は車両の制御に大きく影響する. 滑りやすい路面は制動駆動力が低下して，高速で走行するのは危険である．とくに，急激な路面状態の変化は安全な走行を維持できない可能性が高い．たとえば，トンネルの出口はトンネルの中とは路面状態が大きく変化している可能性がある．また，山間部の橋梁は他の部分と比較して温度が低下していて路面が凍結しやすく，知らずに高速で走行すると危険である．路面状況把握センサは，路面状態を乾燥・湿潤・水膜・積雪・凍結に分けて検出することができる．センシング方法として，以下の三つの方法が開発された．

a）可視画像方式センサ

可視画像方式センサは，カメラの画像を分析して路面状態を検出している．3車線の 100m 程度の長さの範囲をカバーする．図 3-33 に示すように，従来の路面センサに比較して広い範囲を短時間に検出することができる．見た目では判断が困難な路面状態を識別するために，路面の温度を計測するセンサと併用して検出を行っている．

図 3-33 可視画像方式路面状況把握センサ（AHS 研究組合研究成果資料を組み合わせて著者作成）

b）レーザレーダ方式センサ（ライダ）

レーザレーダ方式センサは，レーザ光を 2 次元でスキャニングして反射強度と路面凹凸を計測し，併設される路面温度センサの情報を加えて路面状況を把握する．4 m × 7 m の範囲をカバーすることができる．

c）光ファイバ方式センサ

路面に埋め込んだ光ファイバにより路面温度を計測し，これと気象情報を組み合わせて路面状況を推測するものである．上の二つと比較すると間接的な推測によるため，検出精度や応答性が劣るが，広範囲の検出に適しており，道路全線に光ファイバを埋め込めば全線の路面状況把握も可能である．

3.3 路車間通信と車車間通信

運転支援システムや自動運転システムをはじめとする ITS（Intelligent Transport Systems, 高度道路交通システム）では，車両と道路側の設備との間の狭い範囲で行われる通信である路車間通信と，近傍の車両間の通信である車車間通信が重要な役割を果たす．車載のセンサでは測定ができない，または測定が困難なデータは通信によって収集せざるを得ないからである．たとえば，路車間通信でトンネルに入る前にトンネル出口の気象状況を得ることができ，また車車間通信で先行車の加減速度のデータを得ることができる．車車間通信で得られる情報がカバーする範囲を「電子的地平線」とよんでいる．現在では，路車間通信を V2I（Vehicle-to-Infrastructure），車車間通信を V2V（Vehicle-to-Vehicle）と略し，さらに V2I と V2V をあわせて自動車と外部の通信全般を V2X と略している．

かつては各国でさまざまな媒体とプロトコルが研究され，実験で用いられたが，2000 年頃以降は，通信技術の進歩に伴って使用周波数も高くなり，標準化を背景に我が国では 760 MHz 帯と 5.8 GHz 帯，欧米では 5.9 GHz 帯の周波数を用いた路車間通信と車車間通信が使われるようになった．狭い範囲で弱い電波を用いて行われるこの通信を，DSRC（Dedicated Short Range Communication，狭域専用通信）とよんでいる．表 3-8 に日米欧における DSRC の比較を示す．日欧とも伝送方式は米国の IEEE802.11p にほぼ準拠しており，世界共通である．

表 3-8　日米欧における DSRC（2019 年現在）

	日本		アメリカ	ヨーロッパ
規格	ARIB STD-T109	ARIB STD-T75 など	IEEE802.11p など	CEN EN12253 など
周波数	760 MHz 帯	5.8 GHz 帯	5.9 GHz 帯	5.9 GHz 帯
主用途	V2V	V2I	V2V，V2I	V2V，V2I

3.3.1　路車間通信システム

路車間通信は，現在すでにドライバへの交通情報提供や経路誘導，運転支援，有料道路における通行料の自動収受などに用いられている．ドライバに渋滞情報などを提供する VICS（Vehicle Information Communication System）は，1996 年 4 月からサービスを開始し，2003 年 2 月には全国でのサービスを開始した．この VICS では，市街路では赤外線を用いた双方向の路車間通信が用いられ，高速道路では 2.5 GHz 帯を用いた微弱電波による一方向通信が用いられている．さらに，高速道路では 2010 年から 5.8 GHz 帯の DSRC を用いた路車間通信（通信地点を ITS スポットとよぶ）による交通情報サービス（このサービスを ETC2.0 とよぶ）が開始され，VICS の 2.5 GHz 帯を用いた通信によるサービスは 2022 年に終了する予定である．ETC2.0 のサービスには，高速道路の入り口における合流支援や前方道路状況の静止画提供などが含まれる．なお，ITS スポットにおけるこの路車間通信は，2001 年にサービスを開始した高速道路料金所の ETC の規格を発展させたものである．

路車間通信は，その通信形態から，時間的に連続して通信が行われる必要がある自動運転システムには適さないが，路側に設置された漏洩同軸ケーブル（LCX）を用いると連続的な路車間通信が可能となり，建設省 AHS で用いられた[9]．漏洩同軸ケーブルを用いた通信では，図 3-34 に示すように，路側装置（発信器）から両方向に 500 m 程度の長さに延びている漏洩同軸ケーブルと車両との間で，走行中に常時

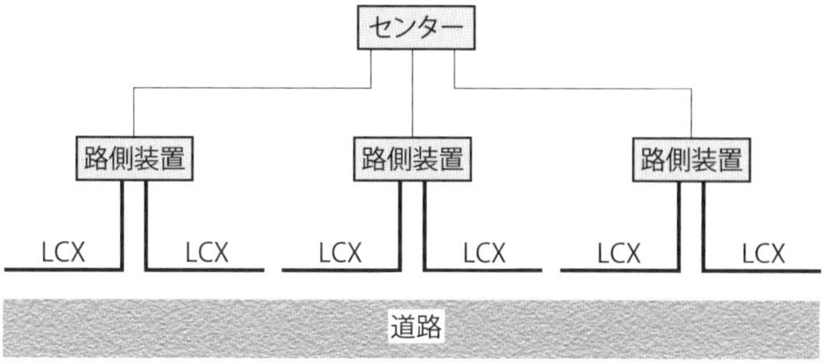

図 3-34　漏洩同軸ケーブルによる路車間通信

通信を行うことができる．したがって，この区間で道路側から車両に送られる情報は同一である．建設省 AHS では，路側から車両へは，速度指令や前方での事故などの交通障害情報が，車両位置の監視のために車両からは車両識別番号などが路側へ送られている．漏洩同軸ケーブルは，連続的な路車間通信が可能という特徴をもつが，路側の壁面に懸架しなければならないため，美観上の理由で導入されていない．なお，新幹線の公衆電話や地下鉄内の携帯電話は，線路に沿って張られた漏洩同軸ケーブルを利用している．

3.3.2　車車間通信システム

車車間通信は，複数台の自動運転車両が隊列を形成して走行を行うときに必須の技術で，現在までに日米欧で隊列走行に関連した研究と実験が行われている．また，車車間通信を用いた運転支援システムが，2015 年に我が国で商品化されている．

（1）我が国における車車間通信に関する研究

車車間通信の研究が我が国で初めて行われたのは，おそらく 1980 年代初め，自動車走行電子技術協会においてであろう．同協会は，動的経路誘導システム（目的地まで最短時間で到着するように渋滞を回避して道案内を行うシステム）である CACS（Comprehensive Automobile traffic Control System）[10]の実験を，1970 年代に東京都内で行った．これの主要な技術であった路車間通信システムの対として車車間通信システムを考え，その応用可能性を探り，1997 年と 2000 年に実験車両を用いて実験を行っている．

1990 年代になって，まず通信媒体として赤外線を用いた協調走行システムの研究が行われた．1993 年からは，赤外線を用いた車車間通信による協調走行に関するプロジェクトが実施され，プロトコルとして隊列内の複数台車両の制御を考慮したスロッテド ALOHA 方式[11]を用い，1997 年春に協調走行デモが行われた[12]．

その後，ETC で用いられる 5.8 GHz 帯 DSRC が開発されたことに伴い，自動車走行電子技術協会は機械技術研究所と共同で，この5.8 GHz帯を用いた車車間通信を2000年に開発し，その車車間通信と5台の自動運転乗用車を用いた協調走行システムの実験を行っている．そのプロトコルは，ネットワークの柔軟性を重視してCSMA（Carrier Sense Multiple Access）に基づいている．詳細は4.1.6項を参照されたい．この5.8 GHz帯DSRCによる車車間通信は，2007年にITS情報通信システム推進会議によって作成されたガイドライン[13]の基礎となった．

この5.8 GHz帯の車車間通信は，エネルギーITSにおけるトラックの隊列走行にも用いられている．プロトコルはCSMAによっており，車両の制御周期20 msの間に通信周期3 msで5回通信を行い，最低でも1回は通信が行われることでデータの実時間性を確保している．エネルギーITSでは，通信の高信頼性を確保するために，5.8 GHz帯のDSRCを使った独立の2チャネルを用いたのに加えて，赤外線を利用した車車間通信も用いた．これらの通信の仕様を表3-9に示す．パケット受信率が100%にならないのは，アクセス制御に用いているCSMA/CAの性質による．

表3-9 エネルギーITSにおける車車間通信の仕様

	5.8 GHz マイクロ波	赤外線
周波数 / 波長	5.82 GHz	850 nm
変調方式	π/4 シフト QPSK（四位相偏移変調）	オン・オフ変調
通信方式	—	全二重
誤り検出	16 bit CRC（パケット誤り検出）	CRC-CCIT
占有帯域幅	< 4.4 MHz	—
伝送速度	4.096 Mbps	100 kbps
電力	10 bBm	—
アンテナ	無指向性	—
アクセス制御	CSMA/CA	—
データ更新周期	20 ms	20 ms
データ長	56 Bytes	50 Bytes
通信範囲	< 60 m	1 ～ 15 m
パケット受信率	99.92%	99.92%

2005年には，国土交通省のASV（Advanced Safety Vehicle，先進安全自動車）のプロジェクトで，同じく5.8 GHz帯による車車間通信を利用して，直進対向車の存在を教える右折支援，見通しの悪い交差点での他車両の存在を教える支援，見通しの悪いカーブの先の渋滞の存在を教える支援など運転支援のデモが行われている．

その後の実験で，5.8 GHz帯の電波の回折が少ないことから見通しの悪い交差点で他の車両との交信が不可能になることが明らかになり，地上デジタルテレビ放送への完全移行に伴って使われなくなった760 MHz帯が車車間通信に用いられることになった．760 MHz帯の車車間通信応用については，2012年に電波産業会で標準[14]が作成されている．すでに，760 MHz帯の車車間通信を用いた運転支援システムが乗用車用に商品化されており，2018年に公道で走行実験を行った大型トラックのCACC（協調型ACC）でも760 MHz帯の車車間通信が用いられている．一般に車車間通信を用いたシステムが有効に機能するためには，通信装置の普及率が高くなければならない．

（2）欧米における車車間通信に関する研究

1990年代には，欧米でも車車間通信を用いた隊列走行の研究がいくつか行われている．

ヨーロッパのITSプロジェクトで1987年から1994年まで行われたPROMETHEUSでは，57 GHz帯のマイクロ波を用い，100 ms周期でTDMA（Time Domain Multiple Access）のプロトコルが試作され．1994年に4台の車両の協調走行デモが行われた．ダイムラーベンツは，2.4 GHz帯のマイクロ波の車車間通信を利用したトラックの隊列走行（プラトゥーニング）の研究を行った[15]．この実験では，指向性通信を前提とした車車間通信プロトコルを用いており，速度，加速度，隊列への参加，離脱の指示などのデータ伝送を行っている．伝送速度は230 kbpsで，制御の周期は40 msであった．この隊列走行システムは，ヨーロッパのITSプロジェクトでPROMETHEUSの後継プロジェクトであるT-TAPの中のCHAUFFEURプロジェクトに発展した．2004年には，ヨーロッパの自動車会社などが主導して車車間通信コンソーシアムC2CCC（Car to Car Communication Consortium）が結成された．C2CCCは，5.9 GHz帯のDSRCによる車車間通信応用デモを2008年に行っている．2005年から2009年まで行われたドイツにおけるトラックの隊列走行であるKONVOIでは，車車間通信に無線LANを用いている．

アメリカで1997年に行われたAHSのデモに関連して，車車間通信の研究がいくつか行われている．カリフォルニアPATHでは，隊列走行のための縦方向制御に無線LANに基づく車車間通信を用いている．車間距離はレーダで精密に測定し，速度や加減速度を車車間通信で伝達して隊列走行を行った[16]．2011年にカリフォルニアPATHが行ったトラックの隊列走行の実験では，車車間通信に5.9 GHz帯DSRCを使用している．

3.4 制御コンピュータ

自動運転システムにおいて最も信頼性が求められる制御デバイスは制御コンピュータであり，それには信頼性の点で二つの機能が求められる．その一つは制御コンピュータが故障した場合のフェールセーフ機能であり，もう一つの機能は冗長機能である．たとえば，航空機や鉄道システムでは，過去の事故対策により「フェールセーフ」化と「冗長」化が図られている．図 3-35 に，鉄道車両の「信号制御装置」におけるフェールセーフの基本的な考え方を示す．ここでは，メモリ部や CPU が故障し，異常なデータがアクチュエータに送られるのを防止するため，2 個の CPU を用いて同じ計算を行う．1 個の CPU が故障し異常計算を行った場合，フェールセーフ比較照合器を用いて故障を検出するとともに，フェールセーフリレードライバを用いて異常出力の送信を防ぐ構成がとられている．

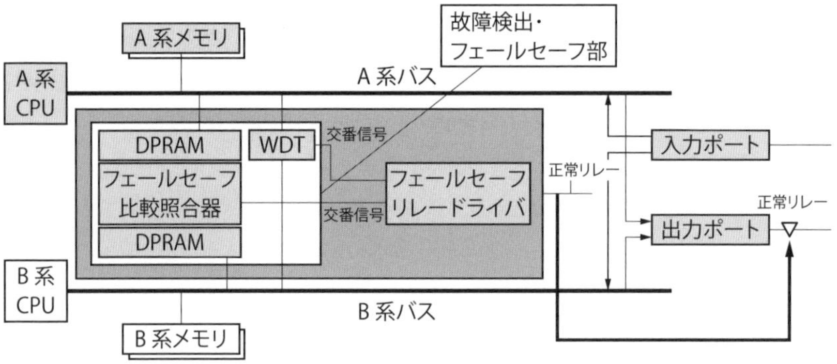

図 3-35　鉄道信号制御装置のフェールセーフの考え方
（新エネルギー・産業技術総合開発機構（NEDO）より書き起こし引用，編集）

近年の半導体技術の発展に伴い，上記機能を 1 個の CPU で実現するロックステップ・デュアルコア型の CPU が開発され，自動運転システムに使用され始めている．これは，2 個の CPU には同じ情報が入力され，同一ソフトにて演算されるともに，計算ステップごとに 2 個の CPU の演算結果が比較され，もし演算結果が異なった場合は異常信号を出力する CPU である．これにより，CPU の計算ステップごとに異常を検出することが可能になり，異常な CPU 出力をアクチュエータに送出することが避けられる．現在，国内外の半導体メーカよりロックステップ・デュアルコア型 CPU が製品化されている．

3.5 走行制御技術

1950 年代から現在まで多くの自動運転システムが研究され，古典制御理論から現代制御理論までのいろいろな制御理論に基づいて走行制御アルゴリズム，すなわち舵角と速度，加速度の制御アルゴリズムが提案，実装されている[17][18]．舵角の制御を横方向制御とよび，車間距離，速度，加速度の制御を縦方向制御とよぶ．いくつかの自動運転システムを例に，そこで用いられた制御アルゴリズムを概観する．

3.5.1 横方向制御

自動運転における横方向制御の基本は，路上の参照線が示すコースに沿って車両を走行させることにある．その拡張として，レーン変更時と先行車追従走行時の横方向制御がある．表 3-10 は，現在までに横方向制御で使用されてきた，路上の参照線と参照線検出のための車載センサの組み合わせを示す．路上の参照線のうち，誘導ケーブルや磁気マーカなど，本来路上には存在せず，自動運転のために設置されたデバイスを用いるシステムを，路車協調方式または単に協調方式とよぶ．また，通常は路上に存在するもの（たとえばレーンマーカと車載のデバイス），または車載のデバイスだけによるシステムを自律方式とよんでいる．

表 3-10 に示すように，多くの組み合わせでは閉ループ制御系（フィードバック制

表 3-10 路上の参照線と車載センサの組み合わせ

路上の参照線	車載センサ・システム	偏差検出特性	特徴
誘導（インダクティブ）ケーブル（A）	誘導コイル（P）	車両直下の偏差	閉ループ制御
磁気マーカ列（A）	磁気センサ（P）	車両直下の偏差	閉ループ制御 プレビュー可能
レーンマーカ（P）	マシンビジョン（P）	車両前方	閉ループ制御 プレビュー可能
レーダ反射性テープ（P）	レーダ（A）	車両前方	閉ループ制御 プレビュー可能
ガードレール（P）	超音波センサ（A）	車両側方	閉ループ制御
なし	推測航法，GNSS（P）と車載地図	車両絶対位置	開ループ制御
なし	ライダ（A），マシンビジョン（P）と車載地図	車両絶対位置	閉ループ制御

注：（A）は信号を発信している能動デバイス，（P）は信号を発信していない受動デバイスを示す．

御系）が構成されており，横方向制御が外乱や雑音の影響を受けにくくすることが可能である．一方，推測航法やGNSSだけを用いた制御系では，直接に参照路に関する情報を得ていないため開ループ制御系であり，横方向制御は外乱や雑音の影響を直接に受けることになる．

マシンビジョンを用いた方式では車両前方の参照線を検出しており，このような特性をプレビュー（予見）性とよんでいる．事前に参照線の曲率がわかるために，乗り心地のよい安定した制御が可能となる．また，磁気センサ方式では，複数の磁気マーカのNS極の組み合わせで参照線の曲率を表現することができ，プレビュー性をもつことになる．

（1）コース追従走行時の制御

コース追従走行時の横方向制御は，センサによって検出した参照線に沿って車両を走行させるための基本的な制御で，自動運転の最初期から研究が行われている．当初は古典制御理論が用いられていたが，制御理論の発展に伴って現代制御理論が用いられるようになった．

a）古典制御理論による制御アルゴリズム

1950～60年代の自動運転システムは，参照線として路面に埋設された誘導ケーブルを用いている．誘導ケーブルに交流電流を流すことによって生じる交流磁界を，車両前縁両端の一対の誘導コイルで検出し，コイルに発生する電圧の差から得られるコースずれに基づいて操舵量が決定される．

1960年代に機械技術研究所で作られた自動運転システムの横方向制御は，古典制御理論に基づくPD制御である[19]．操舵量は，図3-36に示すように，コースずれと車両の姿勢角から決定される．参照線に対する車両の姿勢角は，車両前部のコースずれと，車両前部と同様に設定された車両後部のコースずれから測定する．直線路と曲線路からなるテストコースで走行実験を行い，コースずれだけを用いた場合よりもコースずれと姿勢角の両方を用いて横方向制御を行ったほうが，コース追従誤差が小

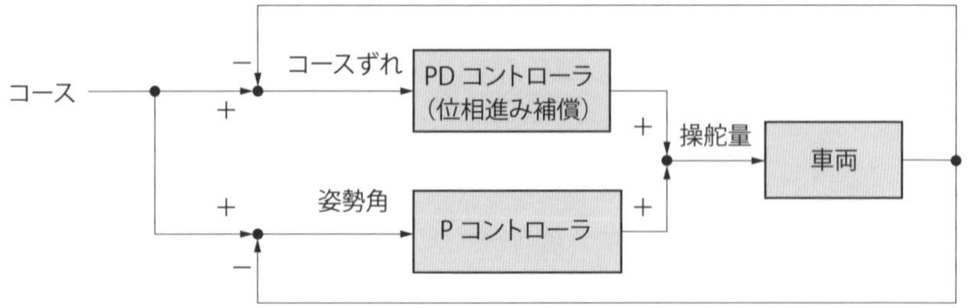

図3-36　誘導ケーブルからのコースずれに基づく横方向制御

さくなることを明らかにしている．

古典制御理論は，制御対象である車両の詳細な特性が不明であってもコントローラが設計できることから，1990 年代のマシンビジョンを用いた自動運転システムでも採用されている．マシンビジョンによって車両前方の白線（レーンマーカ）を検出して走行する横方向制御は，図 3-37 に示す前方注視モデルに基づいている[20]．このとき前方注視距離における目標車線に対する偏差（コースずれ）と姿勢（偏差の時間微分）を補償する操舵量は，PD 制御で与えているが，P 制御と D 制御のゲインは，車両の速度と前方注視距離によって変化させている（図 3-38）．

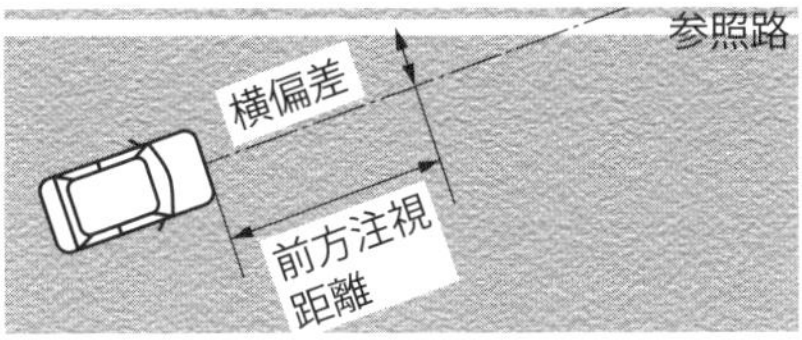

図 3-37　マシンビジョンを用いた横方向制御時の前方注視距離と横偏差

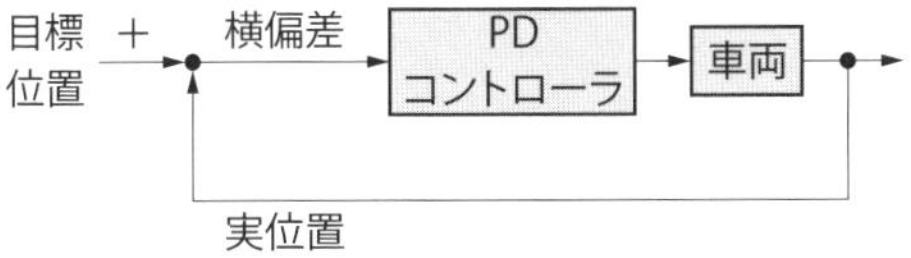

図 3-38　マシンビジョンと前方注視モデルに基づく横方向制御システム

1995 ～ 96 年に実験が行われた我が国の建設省の自動運転道路システム（建設省 AHS）では，参照線として路面の磁気マーカ列が主に用いられ，その他にマシンビジョンで検出した路面の白線や，路車間通信で路側から車両に送信される道路線形情報も用いられている．建設省 AHS で用いられた横方向制御のブロック図を図 3-39 に示す[21]．

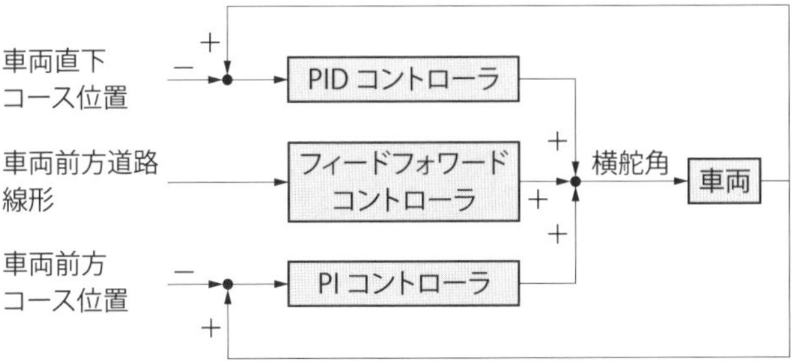

図 3-39　建設省 AHS における横方向制御システム

この横方向制御の中心は，路面の磁気マーカ列を参照線とするPID制御である．制御ゲインの決定には極配置法を用いている．この研究では，極配置法を用いて制御ゲインと制御結果の関係を考察し，比例係数が大きくなると，ダンピング特性が劣化し，良い制御成績の範囲が小さくなることを明らかにしている[22]．このことは，PID制御ではゲインを大きくすることができず，したがって安定性とコース追従特性の両立が困難であることを意味している．安定性とコース追従特性を両立させるためにはフィードフォワード情報が必要であり，このアルゴリズムでは路側から送信される道路線形に基づくフィードフォワード制御が横方向制御に付加されている．その結果，フィードバック制御だけの場合は，約110 cmあった最大横偏差が，フィードフォワード情報を用いることによって約40 cmまで減少することが走行実験で明らかにされている．なお，図3-39中のマシンビジョンに基づくPIコントローラは，冗長系として用意されたものである．

b）現代制御理論による制御アルゴリズム

古典制御理論に基づく横方向制御では，車両の横運動に関する状態フィードバックしか行わないために，ゲインを大きくすることができず，したがってコース追従特性と外乱に対する安定性を両立させることができないことが欠点である[22]．また，追従特性を良くするために微分要素を付加すると，制御系に加わるノイズを強調する結果となり，このことは自動運転時の乗り心地を悪化させる．これに対して現代制御理論に基づく横方向制御は，状態フィードバックを可能にし，古典制御理論による横方向制御がもつ問題点を解決することができる．現在では多くのシステムで現代制御理論によるアルゴリズムが用いられている．状態フィードバックとは，車両の出力であるコースずれだけでなく，ヨー角やこれらの変数の時間微分（これらの変数を状態変数とよぶ）を用いて，フィードバック制御を行うことである．

横方向制御に現代制御理論が初めて用いられたのは，1970年代はじめである[17]．当初は，簡単な2自由度の車両のラテラルモデル（ハンドルを操作したときの車両の横方向の動きを表した数式）の可制御性の解析や，最適線形レギュレータ理論による横方向制御系が論じられた．その後，1980年代後半からカリフォルニアPATHプロジェクトで，現代制御理論による横方向制御の研究が精力的に行われた．

カリフォルニアPATHの横方向制御は，参照線として路面の磁気マーカ列を用いている．磁気マーカ列から得られるコースずれ情報は，車両直下におけるものであるが，磁気マーカ列の磁極を組み合わせたコードを作ることによって，コースずれ情報だけでなく現在位置や前方の道路線形情報を表現することが可能になる．カリフォルニアPATHの横方向制御は，磁気マーカ列がもつこの特徴を利用している．

そのアルゴリズムは，プレビューFSLQ（Preview Frequency-Shaped Linear

Quadratic）制御とよばれ，現代制御理論に基づいている[23]．LQ 制御とは，車両の動特性を線形微分方程式で記述し，最適制御決定のための評価関数を．車両の状態変数と制御入力それぞれの 2 次形式の和の積分で表すときの最適制御のことを指す．この制御では，車両の運動方程式に車両前方の走路の曲率を加え，評価関数にコース追従特性と乗り心地を考慮して周波数に依存した項を加えている．この結果，操舵量は，状態フィードバックの項とプレビュー制御による項の和で与えられる．建設省 AHS においても，横方向制御が LQ 制御で定式化されている[22][24]．

エネルギー ITS で開発されたトラックの自動運転システムでは，マシンビジョンの動作環境を良好に保つために，カメラを下向きに設置し，トラック左側方の白線（レーンマーカ）を検出して横方向制御を行っている．そのアルゴリズムは，車両の目標位置と目標方位をもとに操舵量を決定している[25][26]．このとき，操舵量は，目標車両の位置に対する車両の実際の位置の縦方向偏差と横方向偏差，目標車両の方位に対する車両の実際の方位の偏差，レーンマーカの曲率で与えられる．後述するように（3.5.1 項（3）参照），このアルゴリズムは先行車に自動運転で追従する後続車の横方向制御にも適用できる．

c）ビジョンシステムを前提としたアルゴリズム

ビジョンシステムを用いると，2 次元視野内にコース（参照線）を検出することができ，1 点におけるコースずれではなく，参照線に関する 2 次元情報に基づいて操舵量を決定することが可能となる．

1980 年代後半に試作された PVS では，マシンビジョンで検出した視野内のレーンマーカをもとにファジィ制御を用い，3 種のルールに基づいて操舵量を決定している[27]．この 3 種のルールとは，車両が目指すべき視野内の目標点（複数個）を定めるルール，各目標点の重み付けを行って目指すべき目標点を 1 点定めるルール，追従すべきレーンマーカ（右または左）を決定するルールである．

カーネギーメロン大学の自律走行車両 NavLab V では，マシンビジョンで得た画像を ALVINN というニューラルネットワークで処理して横方向制御を行っている[28]．ニューラルネットワークは，30 × 32 個のユニットをもつ入力層，30 個のユニットをもつ出力層，それらの中間にある 4 個のユニットをもつ中間層からなる（3.8.3 項に関連）．画像は入力層に入力され　中間層の 4 個のユニットを経て，操舵量は出力層のユニットから出力される．NavLab V は，1995 年に ALVINN を使って，ワシントン D.C. からサンディエゴまでの 4800 km の道程の 95％以上を自律走行した実績をもつ．

d）自車の絶対位置と地図を用いたアルゴリズム

交差点など参照線が明示的に存在しない場所では，自車の絶対位置（用いる地図と同じ座標系における位置）と地図に基づいて横方向制御を行う必要がある．その基本は，自車位置があらかじめ設定された予定経路上に位置するように横方向制御する点にある．すなわち，現時点の自車位置と車両の舵角や速度を初期値として，車両のモデルを用いて数秒後までの将来の軌跡を計算し，図3-40に示すように，その将来軌跡の予定経路からの偏差に基づいて操舵量を決定する．操舵量の決定には，たとえば図3-37に示した状況に対して設計されたアルゴリズムを用いるが，複数の前方注視距離を用いることも可能である．操舵量の決定は制御周期で行われ，結果として短い周期で将来軌跡を計算し，操舵量を決定することを繰り返すことになる．現在，公道で実験が行われている多くの自動運転車では，このアルゴリズムが用いられている．ビジョンシステムの視野内に参照路が検出できない場合，視野内に予定経路を設定し，このアルゴリズムを適用することが可能である．

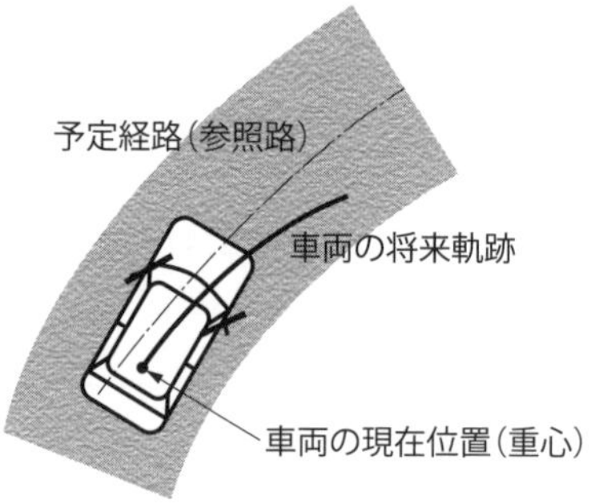

図3-40　自車位置と地図に基づく横方向制御

この制御方式は，自車の絶対位置と地図が正確であることが前提となり，表3-10に示したように，直接走路環境からの情報は用いていないために開ループ制御である．したがって，外乱や雑音に対する修正機能をもたない．そのため，ビジョンシステムを用いて走路環境から自車位置を測定することが行われている（3.5.2項（2）参照）．

たとえば，車両が地図上の指定された点列を順次通過するような操舵アルゴリズムが提案されている[29]・車両の方程式を幾何学的関係を用いて表現すると（3.2.1項（1）a）参照），車両の予定軌跡が3次曲線で与えられ，これを用いて操舵量を決定することができる．このアルゴリズムは自車位置が正確に測定できることを前提としており，操舵量の決定に際して実際の走路からの情報は用いていないため，制御系としては開ループ系であり，フィードバック系とは異なって自車位置測定時の雑音や誤差を修正する機能はもたない．このアルゴリズムでは車両の予定軌道を3次曲線で表現しているが，この結果を拡張すると，視野内の参照線を3次曲線で近似すれば，その係数から操舵量を決定することができる[30]．

（2）車線変更時の制御

車線変更時の横方向制御の多くは．仮想的に生成した参照線に基づいて行われている．PATHは，車線変更時の横加速度などに制限を設定し，3種の仮想目標軌跡を生成してFSLQ制御とスライディングモード制御（目標の特性を切り替え面として設計する非線形適応制御）を提案している[31]．カーネギーメロン大学のALVINNを使った車線変更時の横方向制御は，実際の視野から生成した仮想視野を使って車線変更を行っている[32]．車線変更を行う目標レーン上に仮想視野を設定し，仮想視野内のコースに基づいて横方向制御を行うことによって車線変更を実現している．上述した3次曲線を用いたアルゴリズムを拡張すると，車線変更に適用できる[33]．マシンビジョンが検出した参照線から車両のコースを設計し，車線変更を行わせる．同じ方法で障害物回避も可能である．

（3）先行車追従時の制御

後続車が先行車に追従して同じ走行軌跡をたどるためには，先行車の走行軌跡を参照線とする横方向制御が後続車において必要となり，たとえばPID制御に基づく追従アルゴリズムが提案されている[34]．ライダで検出した先行車の相対位置に対する自車の将来誤差をなくすために，必要なヨーレイトと走行軌跡に対する現在誤差から後続車の操舵量を決定する．走行実験を行って，車速5 m/sから20 m/sの範囲で追従誤差が5 cm以内であることが示されている．

エネルギーITSのトラックの隊列走行における後続車の横方向制御は，車両側方のレーンマーカを参照線として，単独車両，または先頭車両と同様に求めているが，この制御アルゴリズムは，手動運転で走行する先頭車両に後続車両が自動運転で追従する場合に拡張できる[25]．後続車両の操舵量は，先行トラックに対する横方向偏差，方位偏差，先行車両の平均ヨーレイトで与えられる．

3.5.2　縦方向制御

車両の縦方向制御は，車両の速度や先行車までの車間距離の制御のことである．単体の車両の自動運転における縦方向の制御は，安全な速度を維持して走行するだけであるから，比較的容易である．しかし，複数台の車両が小さな車間距離を保って走行する隊列走行するときの縦方向の制御では，精密な速度･車間距離制御が要求される．

縦方向制御は，古くから鉄道を対象に論じられており，その歴史は横方向制御よりも古い[17]．しかし，隊列走行において，速度・車間距離制御として縦方向制御が考えられたのは1980年代後半からのことで，主な研究にPATHの研究と建設省AHSにおける研究がある．ここでは，ACC（車間距離制御）やCACC（通信利用協調型車間距離制御）を含めて，隊列走行時の縦方向制御アルゴリズムを紹介する．なお，CACCと隊列走行（プラトゥーニング）の相違は車間距離の大小にあり，車間距離が小さい場合を隊列走行とよんでいる．隊列走行では，車間距離が小さいためにドライバによるハンドル操作が困難となり，横方向制御も同時に自動化する必要がある．

先行車が存在する場合の縦方向制御では，車間距離の測定にレーダ，ライダなどが用いられている．先行車の加速度など，後続車のセンサでは測定できない，または測定誤差が大きい場合には，車車間通信を用いて対象車両から直接にデータを受信することが行われる．小さな車間距離で隊列を形成して走行する場合や，近傍の車車間で通信を行って走行する場合を，車車協調方式とよんでいる．

（1）隊列走行時の縦方向制御アルゴリズム

横方向制御だけでなく縦方向制御においても，カリフォルニアPATHが精力的に研究を行っている[23]．その縦方向制御アルゴリズムは，エンジン，トルクコンバータ，トランスミッション，ドライブシャフトの四つの要素とその入出力を記述した，精密な車両のパワートレインモデルに基づいている．制御入力は，スロットル開度とブレーキ圧指令である．このパワートレインモデルには強い非線形性があり，単純なPIDコントローラを使えないため，非線形システムに対してロバストな制御が可能なスライディングモード制御を用いている．図3-41に，隊列走行時の速度制御システムのブロック図を示す．このアルゴリズムは，1997年8月のサンディエゴのAHSデモで使用され，乗用車8台が車間距離6.3 mの隊列を形成して速度96 km/hで自動運転を行った．

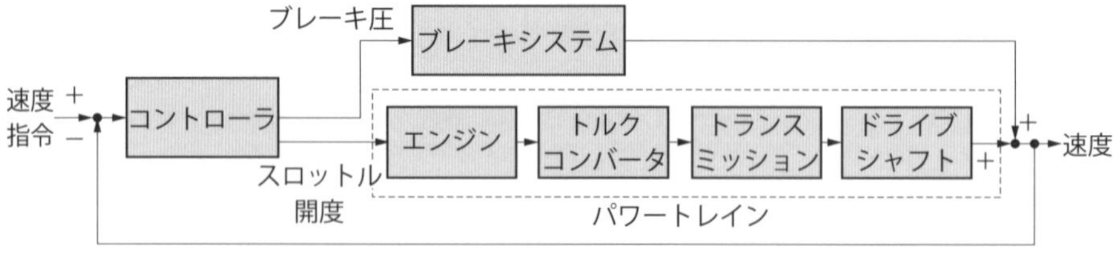

図3-41　隊列走行時の速度制御システムブロック図（トルクコンバータからエンジンへのフィードバックや，トランスミッションからトルクコンバータへのフィードバックが存在するが，簡略化している）

1995〜96年に行われた建設省AHSでも，隊列走行の実験が行われた．この実験では，いくつかのアルゴリズムが用いられたが，一つのアルゴリズム[21]は，フィードバック制御とフィードフォワード制御から構成されている．車間距離に対するPID制御に，1次フィルタを通した先行車の目標加速度，自車の空気抵抗と走行抵抗の3項目を足し合わせて作ったフィードフォワード制御を加えて目標加速度を生成し，この目標加速度を，加速時車両モデルまたは減速時車両モデルに入力して車両速度を決定している．走行実験では，車間距離制御の精度は1 m以内であった．

建設省AHSでの別のアルゴリズム[35]では，車両の目標駆動力を，目標車間距離と実車間距離の間の偏差に対するPD制御に先行車の加速度に自車の質量を乗じた量を加えて決定した．目標駆動力が，惰行減速度に自車の質量を乗じた量よりも小さい場合はブレーキ制御を行い，大きい場合はスロットル制御を行った．車間距離センサと車車間通信を用いた走行実験では，加速度が－0.2 Gから＋0.15 Gの範囲にあるとき，車間距離の精度は0.5 m以内に保たれていた．車間距離センサだけを用いた場合は，車間距離の精度はこの数倍に劣化した．

エネルギーITSにおけるトラックの隊列の縦方向制御では，車間距離と相対速度の両方を0にする必要があるため，先行車だけでなく後続車との車間距離と相対速度に基づいて縦方向制御を行っている[26][36]．したがって，自車の制御のためには自車の情報だけでなく前後の車両の情報も必要で，隊列走行には車車間通信が必須となる．

（2）ACCのアルゴリズム

ACCは，先行車が存在しないときはドライバが設定した速度で，先行車が存在するときはドライバが設定した車間距離で，自車の速度制御を行う．車間距離の測定にはライダやレーダ，マシンビジョンが用いられる．ACCの代表的アルゴリズムでは，自車の加速度を車間距離偏差に対するPD制御で決定している．図3-42にそのブロック線図を示す．世界で初めて商品化された我が国の乗用車用ACCでは，自車の走るレーンを検出するためのカメラと先行車までの車間距離を測定するライダが使われた[37]．

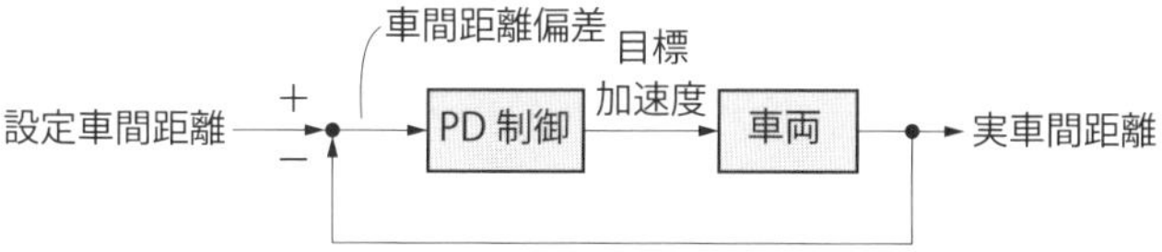

図3-42　ACCのアルゴリズム

ACCの制御アルゴリズムで重要な点は，ストリングスタビリティである[38]．ストリングスタビリティとは，複数台の車両が車群を形成して車間距離制御を行って走行しているとき，ある車両の車間距離の変動が後続車に増幅伝搬されないという安定性のことである．この条件が満たされないで車間距離の変動が後続車に増幅伝搬されると後続の車列が乱れて渋滞の原因となり，極端な場合には車両が停止する場合も生じる．現在商品化されているACCの中には，このストリングスタビリティの条件を満たさないものが存在する[39]が，車間距離が十分に大きい場合には車列混乱に至ることはない．

(3) CACCのアルゴリズム

エネルギーITSでは，トラックの自動運転だけでなく，4台のトラックのCACCの実験を行っている[38][40]．その制御アルゴリズムでは，目標加速度の決定を，図3-43に示すように車間距離偏差だけでなく，先行車の速度と加速度を用いて決定している．このことからわかるように，CACCでは先行車の速度や加速度が後続車で必要となるため，車車間通信が必要となる．エネルギーITSでは，4台のトラックを速度80 km/h，車間距離30 m（車間時間約1.35秒）で走行させることができた．

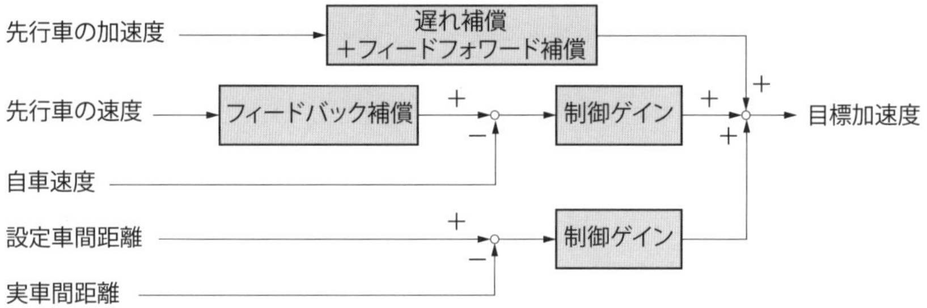

図3-43 CACCにおける後続車での目標加速度決定アルゴリズム

(4) 合流時のアルゴリズム

高速道路などで入り口ランプから本線への合流時にも縦方向制御が必要となり，車車間通信を利用した合流制御アルゴリズムが提案されている[41]．合流点を基点として合流ランプ上の車両を本線上に写像し，写像した仮想車両に対して本線上の車両が縦方向制御を行って，合流に必要な車間距離を確保する．仮想車両の生成には，車車間通信を用いて各車両の位置や速度を送受することが必要となる．

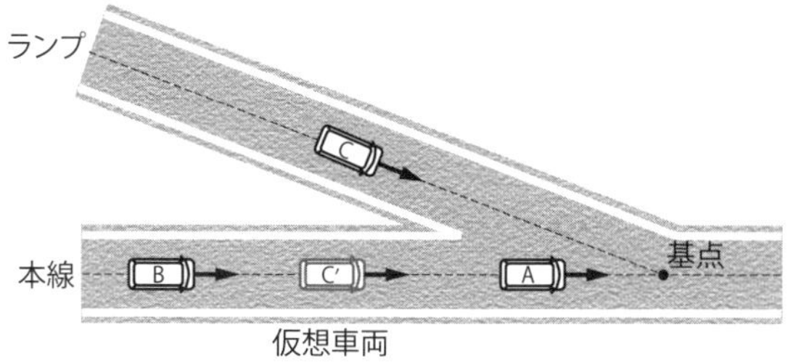

図 3-44 合流制御アルゴリズム（本線上の車両 A と B の間にランプ上の車両 C が合流するとき，車両 C の仮想車両 C′ を本線上に写像して，3 台の車両間で縦方向制御を行う）

3.5.3 大局的な経路計画

20 世紀に開発された自動運転車はレーンに沿って走行するだけで，図 3-2 に示した物理層だけで走行可能であった．しかし，DARPA の Grand Challenge と Urban Challenge では，出発地から目標地まで走行するための経路計画を必要とし，さらに Urban Challenge では，カリフォルニア州の交通規則に従って走行することが課せられていた．また，現在多くの自動運転車の走行実験が公道上で行われているが，これらの車両は，障害物を回避し交差点での右左折を行うなどの機能をもち，交通信号や制限速度など交通規則に従うことが課せられている．自動運転車の研究が物理層だけでなく論理層まで広がってきている．論理層の主要な機能は経路計画の作成であり，そのためには地図データベースが必須となる．

（1）地図データベース

現在広く用いられているデジタル地図データには，ラスター形式とベクトル形式がある．ラスター地図データは，デジタルの衛星写真や航空写真がその典型例で，Grand Challenge のようなオフロードの移動時の経路計画に効果的である．これは，地図を精密にすればするほどのデータ量が大きくなるが，一方で利用のためのデータ処理は比較的簡単である．

一方，ベクトル地図データでは，図 3-45 に示すように，道路ネットワークをノード（節点．たとえば交差点など）とエッジ（辺．たとえば交差点間の道路）で表現する（この表現法は数学の一分野であるグラフ理論で研究されている）．ベクトル地図データのデータ量は，ラスター地図データのそれに比べて小さくなるが，データ処理のアルゴリズムは複雑になる．通常の道路を走行する自動運転車の経路計画では，ベクトル地図データを用いる．ベクトル地図データでは，エッジにノード間の距離や制限速度などの情報（交通工学ではリンクコストとよんでいる）をもたせると，出発地

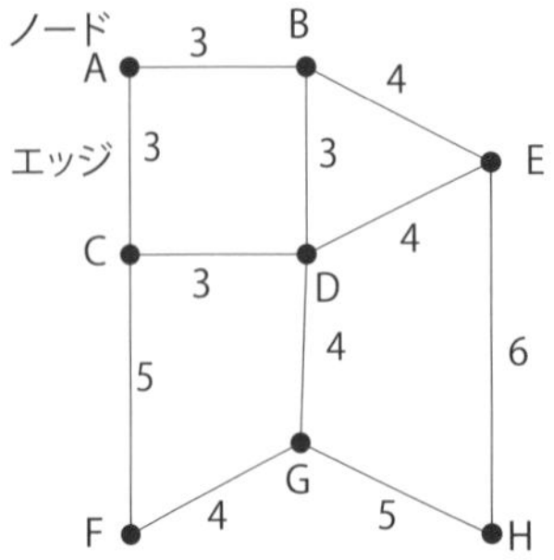

図 3-45　道路網の表現方法の例（黒丸がノード，ノード間を結ぶ線がエッジ，各エッジ横の数字はリンクコストの例）

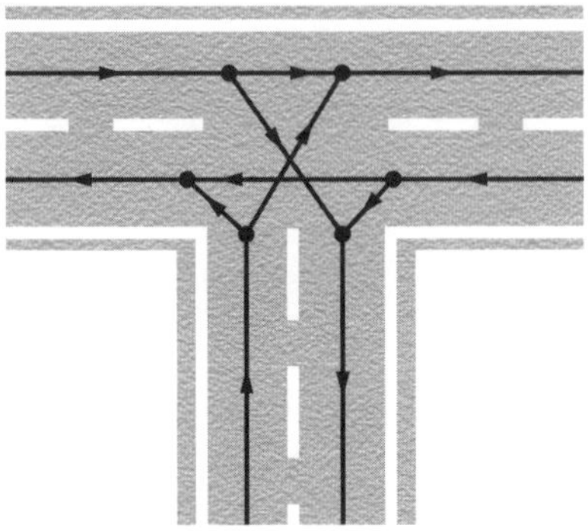

図 3-46　ノードとリンクを詳細に示した道路網（レーンごとにエッジを設定し，走行方向を示すために有向グラフで表現する）

のノード（たとえばA）から目的地のノード（たとえばH）までの最短距離の経路，あるいは最短時間の経路など，最適な経路を求めることが可能となる．このことは，現在のカーナビゲーションシステムですでに行われている．自動運転のためには，図3-46に示すように，ノードとエッジの設定をより詳細にする必要がある．図3-45のグラフはエッジの接続の向きを考えていないので無向グラフとよび，図3-46のグラフはエッジの接続の向きを考えているので有向グラフとよぶ．自動運転のためには，さらに，道路の特性，レーンマーカ，横断歩道，信号機，一時停止，標識などの情報をもつ3次元地図（x,y,zの3次元と各種属性）が必要となる．

（2）経路計画

経路計画は2段階に分けられる[42]．一つはグローバルな経路計画で，地図データにある各エッジのリンクコストを用いて出発地から目的地までの最適な経路を決定する．そのためのアルゴリズムとしてダイクストラ法が有名である．もう一つはローカルな経路計画で，交差点での挙動，障害物回避，車線変更などのときの経路計画である．グローバルな経路計画はオフラインで行うことができるが，ローカルな経路計画はオンライン実時間で行う必要がある．

論理層やローカルな経路計画から走行制御までの処理を3例紹介しよう．

まず，Urban Challengeに出場したドイツのカールスルーエ大学の車両AnnieWAYに搭載された論理層の機能をもつ状態マシンを紹介する[43]．この状態マシンは，Drive状態，Replan状態，Intersection状態，Zone状態からなる．Drive状態には，レーンに沿って走行する状態，車線変更の状態，Uターンの状態，停止状態，車両が一定時間何もしなかったときの運転復旧状態が含まれる．Replan 状態は，事前に立てた計画が間違っていて経路を変更する場合の状態である．Intersection 状態は交差点での挙動を決定する状態で，非優先道路にあるときは一時停止をする，優先道路にあるときは他車両の存在に応じて挙動するなどを決定する．Zone 状態は，構造化されていない環境（駐車場など）での挙動を決定する．この結果，AnnieWAY は，レーンに沿った通常の走行だけでなく，対向車が存在するときの交差点での右左折，車線変更，先行車追従と追い越し，4 差路での優先順に従った挙動，流れている交通流への合流が可能であった．

二つ目は，2013 年に約 100 km の公道を走行したダイムラーの自動運転車での処理である[44]．図 3-47 に，ローカルな経路計画（予定軌道）に基づく車両の横方向制御までのブロック線図を示す．図中の予定軌道は，センサが検出した物体，地図データ，交通規則などに基づいて計算された軌道で，時間の関数で表されている．予定軌道から車両前方の軌道の曲率を求め，さらにフィードフォワード制御装置によって目標ヨーレイトが決定される．一方，走行している車両の横偏位からフィードバック制御装置で同じく目標ヨーレイトが決定される．この二つの目標ヨーレイトを加えて，車両モデルからとるべき操舵量が決定される．

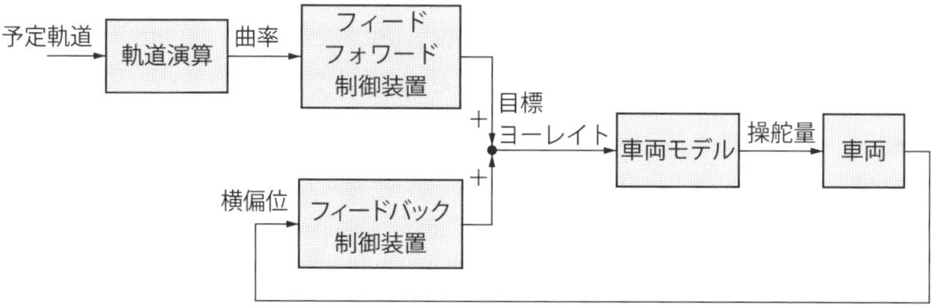

図 3-47　ダイムラーの自動運転車における経路計画から走行制御までの処理（文献[44]に基づいて著者作成）

三つ目は，Google 車における経路計画である[45]．Google 車は，まず，GPS ではなく，3 次元の詳細な道路地図とセンシングデータを照合して自車位置を精密に決定する．この地図は事前に走行して独自に作成したものである．つぎに，車両周辺の物体，歩行者，自転車，他車両，道路工事，障害物などや，信号機の表示を常時検出する．動いている物体についてはその速度と軌道から将来の軌道を予測し，たとえばレーン数が減少した場合に他の車がとる行動も考慮する． 最後に，これらの情報に基づいて自車の経路と舵角，速度を決定する．Google 車は，360° の視野内の他の車，歩行者，自転車などを常時監視しているため，交通状況の変化にすぐに対応することができる．

3.6 判断に求められる技術

認知した内容に基づいて危険度や効率性を判断して，次の行動を計画する．前述の図 1-16 のように「認知」「判断」「操作」と整理するのが一般的であるので，本書もそれに従うこととし，計画は判断の中に含めるものとする．自動化レベルによっては，判断・計画をドライバが行う場合がある．その際には，ドライバとシステムのインターフェース（HMI，Human Machine Interface）が重要であり，HMI も判断の中に含める．自動運転の目的は，安全，渋滞，燃料消費（環境），利便・快適などがあるが，ここでは安全と効率（渋滞，燃料消費などを含む）に関する判断を述べる．

3.6.1 判断の基本的な考え方

安全に関する判断は，事象が起こるまでの時間を基準にすることが多い．一般的には事象（イベント）までの時間 TTE（Time to Event）に着目するが，衝突するかどうかというような判断は，衝突までの時間 TTC（Time to Collision）を用いる．衝突などの事象に到達するまでの時間は，事象が起こる地点までの距離を車の走行速度で割った値である．厳密には途中の速度変化を考慮した時間の積分値であるが，一般的にはそのときの速度を継続して走行すると仮定して，一定走行速度で割って計算することが多い．この値と，(システムの動作開始までの時間)＋(車両の挙動が完了するまでの時間）の和を比較して，衝突するかどうかを判断する．

効率（渋滞，燃料消費など）に関しては，目的に対する評価指標とその許容範囲を定め，その達成度合いを予測して判断する．たとえば，目的地（経由地）までの時間，距離，エネルギー（燃料消費）などの評価指標がどう変わるかをシミュレーションして，最適値となるように経路，速度，走行車線などを判断する．効率（渋滞，燃料消費など）に関する判断や計画においては安全確保が前提になる．まず，安全が確保できることを制約条件とし，その範囲で効率の最適化を図る．

3.6.2 基本的な衝突回避判断の例

例として，前方の車両に衝突するかどうかを判断する場合のタイミングを示す．

(1) ブレーキで前方障害物への衝突を回避する場合の例

前方に低速走行車両など衝突の可能性のある障害物があり，それに近づいたときにブレーキをかけて減速する場合に，図 3-48 に示すように速度が変化する．

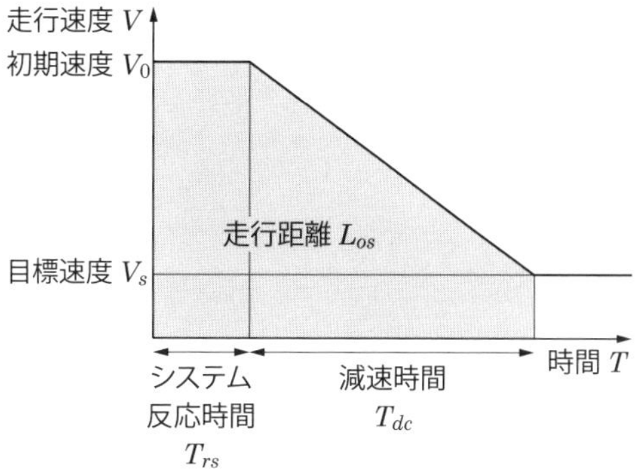

図 3-48　前方障害物への衝突判断

$$L_{os} = V_0 \times T_{rs} + \frac{V_0^{\,2} - V_s^{\,2}}{2\alpha}$$

L_{os}：回避までの走行距離（走行速度の時間積分：図の網掛け部の面積）
V_0：初期速度（減速開始まで一定速度と仮定）
V_s：目標速度（衝突回避に必要な速度で，一般的には前方車両との相対速度がゼロになる速度）
T_{rs}：システムの反応時間
α：減速度

前方車両に衝突するかどうかは，上式から求められる L_{os} と障害物までの距離を比較して判断する．障害物までの距離が L_{os} に近づくと，衝突可能性が高いと判断して回避計画立案に移る．

（2）ステアリングによって車線変更して前方障害物への衝突を回避する例

走行中のレーンの前方に障害物が存在し，隣のレーンに一定の横加速度 β で車線変更して回避する場合，ステアリングによって横加速度 β で移動し，その後ステアリングを切り返して横方向への移動を停止する．切り返しのときの横加速度を $-\beta$ とすると，横方向への移動速度は図 3-49 に示すように変化する．

$$L_{os} = V_0 \times T_{rs} + V_0 \times \left(2 \times \sqrt{\frac{w}{\beta}}\right)$$

L_{os}：回避までの走行距離
V_0：走行速度（減速開始まで一定速度と仮定）
T_{rs}：システムの反応時間
β：危険回避のための横加速度

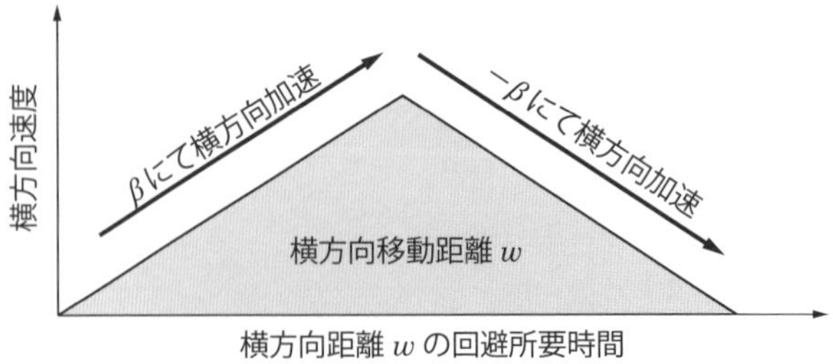

図 3-49　前方障害物への衝突をステアリングで回避する例

w：危険回避のための横移動距離

この場合，車線変更（回避）までに車が走る距離 L_{os} と障害物までの距離を比較して判断する．障害物までの距離が L_{os} に近づくと，衝突可能性が高いと判断して回避計画立案に移る．一般的には，低速時にはブレーキで前方障害物への衝突を回避したほうが距離が短く，高速時にはステアリングで衝突回避したほうが距離が短い．

（3）複雑な状況における判断

図 3-50（a）に例示するような，合流部で大型車が（強引に）合流しようとしていて，第 1 車線を走行している車が急に車線変更して自車と衝突してしまうかもしれない状況を考えよう．第 3 車線は空いているようなのでそちらによけようとすると，

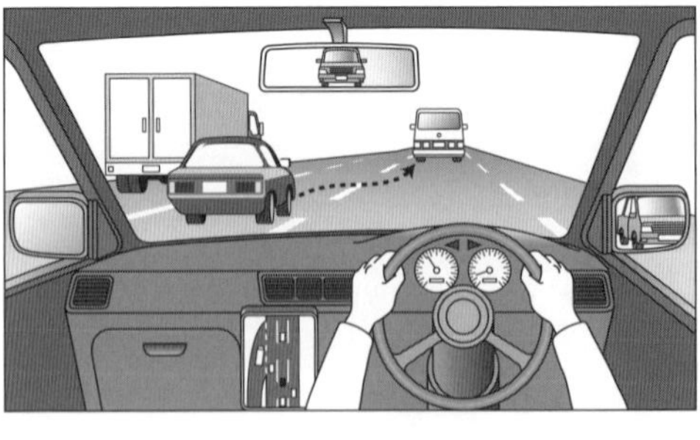

（a）　車内からの眺め

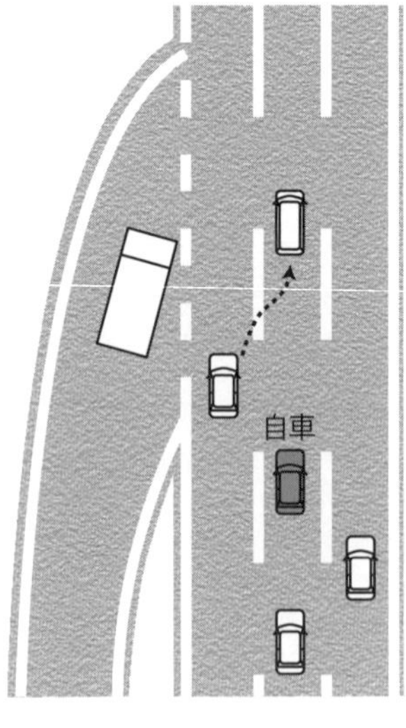

（b）　客観的な把握

図 3-50　合流部における複雑な状況

右斜め後ろの車と衝突するかもしれない．このような場面で，二つの危険に対して安全な行動を判断しなければならないというケースはよくある．そのためには，図（b）に示すような状況が把握できなければならない．すなわち，各車両の行動（軌跡）を予測し，自分の車の行動と重ね合わせて衝突や急接近が発生しないかという判断を行い，行動を計画しなければならない．このような，狭い地点における交通状況を地図の上に重ねて表す情報を，ローカルダイナミックマップ（LDM）とよんでいる．また，渋滞などの発生状況や天候情報など広域の交通状況情報を地図の上に重ねて表す情報を，グローバルダイナミックマップ（GDM）とよんでいる．両者をあわせてダイナミックマップ，あるいは「自動車走行環境の静的・動的情報のデジタル表現」としてデジタルインフラという（第5章参照）．

複雑な状況に対しては，危険度（リスク）ポテンシャル場を算出する方法が用いられる[46][47]．図3-51に示すように，前方の道路交通状況について，道路構造や障害物に対して事故を起こす危険度の高さを算出する．単一の障害物に対する場合はリスクゼロの場所に向けて回避すればよい．進路の横方向にリスクゼロの領域がなければ手前で停車するという判断をする．自動運転を継続して行う場合には，他の障害物，側方や後方の車両，対向車，道路における構造物などさまざまな対象に対する危険度ポテンシャルを算出し，それらを合成して総合的なポテンシャル場の構成を行い回避行動を判断する．難しいのは交差点や踏切などにおける衝突判断で，これは交差する車両などと衝突するかどうかの判断である．その瞬間の状態だけでなく，時間的な変化を計測し，そのポテンシャルを積分してこのあとどうなるか将来予測を行う．交差点付近では他車両の動きが複雑になる可能性があり，突発的に行動が変化することも考えられる．それらを考慮して将来予測を行う．その予測と自分の行動が交差することがないように判断して，行動計画を立てる．ベテランドライバが見えない危険を予測して予防的運転を行うが，それをポテンシャルリスクのモデルに取り入れる研究もさ

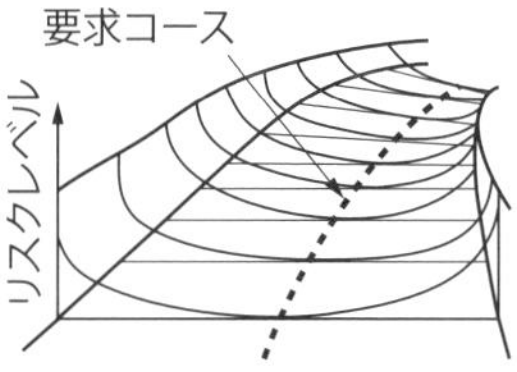

（a）　カーブ道路の危険度

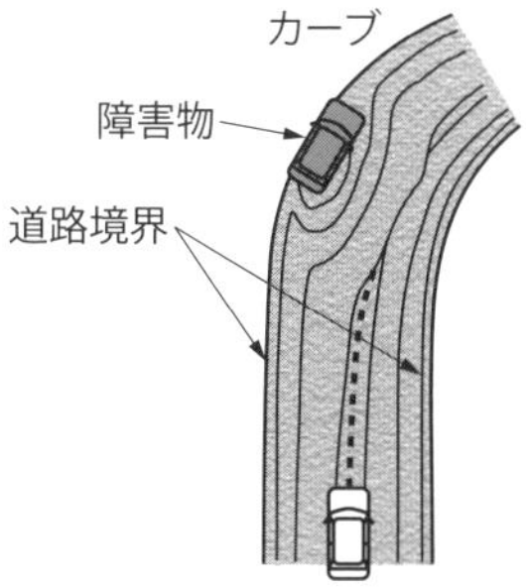

（b）　障害物による危険度

図3-51　危険度（リスク）ポテンシャルの例[48]

れている[49].

3.6.3 計画の基本的な考え方

具体的な技術と事例は 3.5.3 項で紹介したが，ここでは計画の基本的な考え方を述べる．衝突回避などの行動をどう行うかの計画は，前述の縦方向挙動，横方向挙動，交差挙動の組み合わせ方で決まる．基本的には，衝突しない，すなわち危険度ポテンシャルがゼロに向かう行動を最も効率良く行う計画である．以下の三つが効率を測る重要な評価尺度である．

- 時間：できるだけ短時間に目的とする状態に達する
- 距離：できるだけ短い距離で目的とする状態に達する
- エネルギー：燃料消費など使用するエネルギーをできるだけ少なくする

その他に乗り心地や安定性の問題がある．急激な状態変化は乗り心地が悪く不安になることがある．また，路面状態によってはスリップなどの危険をまねくことにもなる．さらに，周囲の自動運転ではない車へ悪影響を与えないように，他の車と同じような安全な行動とする必要がある．ドライバや同乗者が安心して乗っていられるような行動であることも必要である．そのために考えなければならない乗り心地と安心に関する評価尺度として，以下の四つがある．

- 前後加速度：急激な速度変化は危険や不安につながる．一般的に，滑らかな行動は 0.1 ～ 0.2 G（1 ～ 2 $\mathrm{m/s^2}$）程度で，0.3 G 以上の加速度（減速度）になるとかなり緊急的な行動となる．
- 横加速度：横方向への移動速度の変化も，前後方向の場合とほぼ同様である．
- 加加速度：加速度の時間変化率が加加速度である．加速度だけでなく，加加速度も乗り心地に大きく影響するといわれている．加加速度が大きいと車酔いしやすくなる．
- 安心感：個人的な感覚であり定量化しにくいが，その人自身が手動運転しているときの行動パターンや変化率から大きく外れると不安になる．

これらの七つの評価尺度を，場面によって組み合わせたり使い分けたりしながら，行動計画を立てる．

3.6.4 基本的な計画の例

安全に関する行動計画は，衝突しないことが一番重要な要素であるが，その他に，

- 確実性：確実に衝突回避などの目的が実現できる行動かどうか
- 容易性：その行動は容易に行えるかどうか
- 効率性：その後の行動なども考慮して効率の良い行動かどうか

が挙げられる．たとえば，複数車線ある道路で前方停止車両との追突回避を行う場合，効率を考えると速度を変化させないで車線変更で回避できるとよい．しかし，その場合には素早く隣接車や後続車の有無やその速度などを把握して，車線変更が安全に行えるかどうかを判断する必要があり，容易性が低くなる．その他に，路面状況や前後加速度，横加速度の大きさやそれに伴う走行安定性なども考慮して計画を立てる必要がある．危険度ポテンシャルが算出できる場合には，図 3-51 のように，ポテンシャルの最も低いところをトレースするという計画が一般的である．

他には，運転の上手なドライバの行動を分析し，それをお手本として走行コースや速度変化パターンを決めていくことが行われている．著者らは，自動運転車のコーナリングについて，ファジィ制御でベテランドライバの走り方を学習して制御することにより，安心できて乗り心地の良い走行を実現した[27]．また，アメリカのスタンフォード大学の研究チームは，レーシングドライバの走り方を学習して走行制御に応用することにより，安全で効率の良い走行制御を実現しようとしている[50]．

3.6.5 HMI

自動化レベル 5 の完全自動運転ではすべての機能をシステムが果たすので，乗客（車の利用者）は行き先を教えるだけであるが，他の自動化レベルの自動運転ではドライバとシステムが判断・計画の機能を分担して走行する．そのために，ドライバとシステムの間のインターフェース（HMI）が重要である．一般的には，システムとドライバの状態をお互いに伝えあう機能と，異常が発生した場合にその対応を行うための要求をシステムからドライバに伝える機能が必要である．以下，自動化レベルに応じて必要な HMI 機能を述べる．

（i）レベル 1：運転支援の HMI

縦方向制御，横方向制御のどちらかのみシステムが制御し，ドライバとシステムが並存して運転を行う運転支援レベルの HMI である．システムの状態をドライバに伝える機能と，お互いに相手に要求することを伝えあう機能が必要である．運転支援において両者の操作が干渉する場合には，一般的にドライバを優先するので，ドライバの意志入力や操作（アクセル，ブレーキ，ハンドル操作）を優先するような機能が必要である．

（ii）レベル2：部分的運転自動化のHMI

システムが縦方向，横方向の両方を自動制御し，ドライバは運転席にいて走行環境を監視し，何かあったらただちにバックアップ動作を行うレベルのHMIである．レベル1のHMIと同様に，システムの状態をドライバに伝える機能が必要である．ドライバがただちにシステムのバックアップに移れる必要があり，システムが自動制御困難になった場合は，緊急にドライバの動作を促すためのシステムからドライバへの警報的な情報伝達が必要である．レベル1の場合と同様に，ドライバの意志入力や操作（アクセル，ブレーキ，ハンドル操作）を優先するような機能が必要である．

（iii）レベル3：条件付き運転自動化のHMI

システムが縦方向，横方向の両方を自動制御し，システムから要求されたときに短時間でバックアップ動作を行う必要があるレベルのHMIである．システムの状態をドライバに伝える機能が必要である．システムが自動運転を継続するのが困難と判断した場合に，システムからドライバにそれを伝え，ドライバに手動によるバックアップ動作を促す．ドライバがシステムからの要求に応じて手動で運転を開始すると，システムは制御（操作）を停止する．図1-17で，S4が開いてS5が閉じた状態になる．また，システムが自動運転を再開できるようになると，制御（操作）をドライバからシステムに戻す．このレベルのHMIが，これらの動作に必要な情報の伝達と制御の引き渡しを行うインターフェースとなる．ドライバが運転に復帰できる状態に保たれている必要があるので，ドライバが居眠りなどで運転ができない状態（覚醒度低下状態）になっていないかどうかをチェックして，覚醒度が下がっている場合は刺激を与えて向上させるようなインターフェース機能も必要である．

（iv）レベル4：高度運転自動化のHMI

システムが，すべての運転タスクを限定した作動領域内で行うレベルのHMIである．システムが自動制御困難になった場合は，安全に停車するなどの対応をする．基本的にドライバとのHMIは不要であるが，乗員に制御可能/不可能などの状況を伝える必要がある．

（v）レベル5：完全自動化のHMI

完全自動運転では，乗客が目的地を伝えてシステムの動作開始（および動作終了）をできればよい．運転操作に関するHMIは不要である．

HMIを実現する技術は，主にドライバからシステムへの意志伝達と，システムからドライバへの情報伝達である．以下，その概要を述べる．

- ドライバからシステムへの意志伝達

　ドライバからシステムへ意志伝達を行うケースは，出発前など車が停止しているときに行う場合と，走行中（ドライバが運転中）に行う場合である．前者の場合は，とくに制約はなく一般的な情報インターフェース技術が使えるが，実用的には後者の場合のインターフェースと共用しなければならない．後者の場合は，走行中に操作しなければならないので，運転を妨げないように簡便確実に操作できるものでなければならない．機械的な構造と組み合わされたスイッチ類，タッチパネルなどが一般的であるが，ハンドル部に組み込まれたポインティングデバイス（たとえばトラックボール）も利用されるようになってきている．また，音声認識技術を用いたインターフェースも検討されているが，走行ノイズの影響をキャンセルするノイズキャンセリング技術との組み合わせが必要と考えられている．システムがドライバの運転意志を直接受ける方法として，ブレーキ，アクセル，ハンドル操作の検出がある．とくに，ブレーキの操作は単なる減速だけでなく，システムの動作停止やドライバがシステムに代わって運転するという強い意志伝達を表すことが多い．そのため，高い検出精度や故障しにくい方式が必要で，圧力感知型や非接触型のデバイスが用いられることが多い．

- システムからドライバへの情報伝達

　システムからドライバに伝える情報はさまざまであるが，主なものはシステムの動作状態情報とドライバへのバックアップ動作を要求する情報である．前者は，自動化レベル１の運転支援の場合にとくに重要である．いまシステムが何を行っているかがわかりやすいように，たとえば車間距離を自動制御中であるというような状態を，アイコンなどを用いて表示する．障害物の検出の場合，検出しているかどうかのオン・オフ的な情報だけでなく，障害物までの距離など数量的な情報をあわせて伝えると，ドライバは状態を把握しやすい．後者の場合，ドライバに期待する動作を端的に伝えるのが肝要である．自動化レベル２の場合にはただちにドライバがバックアップする必要があるため，緊急的な事態であることがわかるような伝え方が必要である．一般的に，情報伝達にはビジュアル（画や文字）とオーディオ（音や言葉）が用いられるが，直感的にわかりやすいように，ドライバが操作しているペダルやハンドルに振動や力（トルク）を加える方法もあり，ハプティクスとよばれている．

3.7 操作に求められる技術

3.7.1 ハンドル自動制御

車線維持制御を行うには，走行制御コンピュータからの指示に基づいて，タイヤ操舵角度の制御を行うハンドル制御システムが必要である．ハンドル制御システムの構造は大型車用と乗用車用では異なる．以下にハンドル制御システムの構造と制御方法を示す．

（1）大型車用ハンドル自動制御システム

大型車用の操舵制御は，油圧パワーステアリング装置とハンドル制御システムを併用して行われる．図 3-52（a）に，大型車用ハンドル制御の全体構成を示す．ハンドル制御システムは，ステアリング軸部に取り付けられた操舵モータとモータの回転角度を制御するサーボコントローラで構成される．車線維持制御コンピュータからのハ

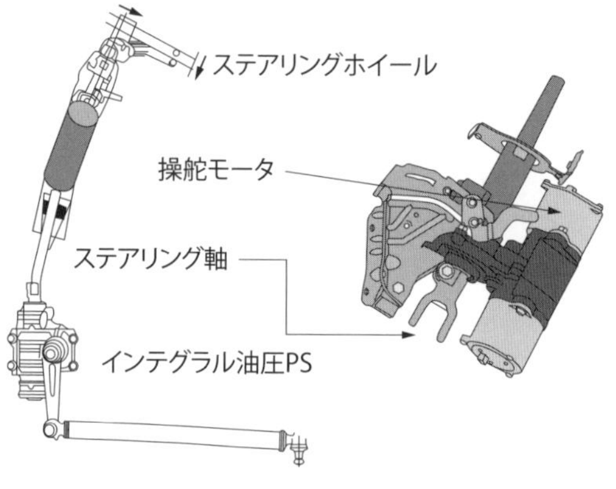

（a）

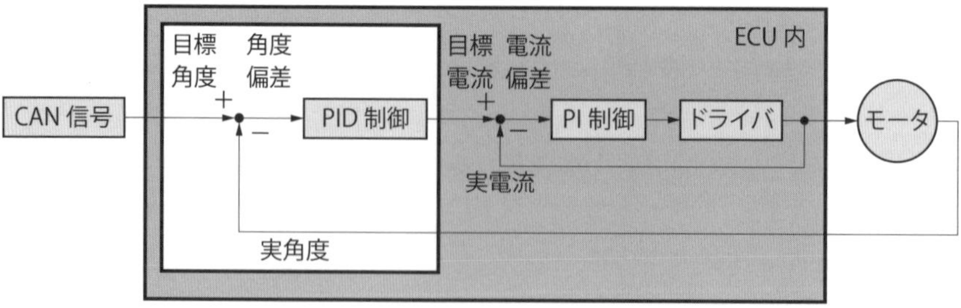

（b）

図 3-52　大型車用ハンドル制御の全体構成

ンドル回転角度指示に基づいて，サーボコントローラは指示角度と一致するようハンドル回転角度を制御する．操舵モータはステアリング軸にギヤを介して結合されており，ステアリング軸の回転角度は油圧パワーステアリングを介し，タイヤの操舵角度に変換される．図（b）に，サーボコントローラの制御ブロックの一例を示す．エネルギー ITS にて開発された車線維持制御用の自動操舵モータには，応答性の高い直流ブラシレス同期モータが使用されている．

（2）乗用車用ハンドル自動制御システム

乗用車用ハンドル自動制御システムは，電動パワーステアリングシステム（EPS）を用いて構成される．電動パワーステアリングシステムは，油圧の代わりにモータを用いてドライバの操舵力をアシストするもので，モータをステアリングコラム部に設置したコラム方式 EPS や，ラック部に取り付けたラック方式 EPS が実用化されている．図 3-53 にコラム方式 EPS の構造を示す．手動運転では，トルクセンサによりドライバの操舵力を検出し，操舵力が設定されたトルクになるようモータの出力トルクが制御される．乗用車用のハンドル自動制御システムは，この EPS を使用し，自動運転中にはトルクセンサを用いず，ハンドル角度を用いて制御を行う．

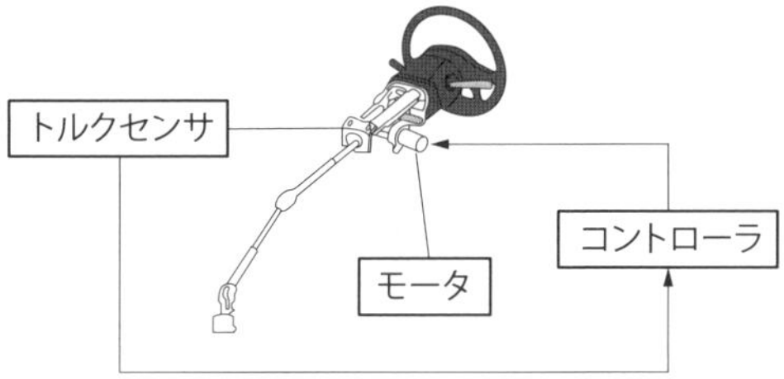

図 3-53　コラム方式電動パワーステアリングの構造

3.7.2　電子ブレーキ制御

電子ブレーキ制御システムは，車間距離や速度制御を行う走行制御コンピュータからの減速指示に従い，ブレーキ力の制御を行うシステムである．これまでに，大型車用の空気圧制御方式自動ブレーキシステムと，乗用車用の油圧制御方式ブレーキシステムが実用化されている．

（1）空気圧制御方式ブレーキシステム

空気圧制御方式電子ブレーキシステムは，ブレーキチャンバとよばれるブレーキシリンダの空気圧を電磁弁を用いて制御することによりブレーキ制御を行うものであ

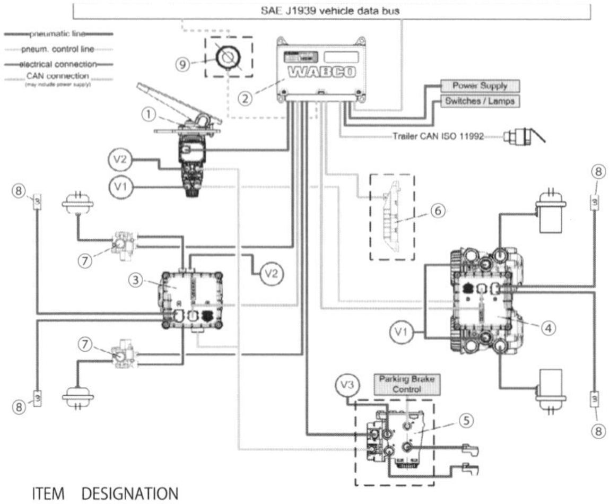

ITEM	DESIGNATION
1	Brake signal transmitter with 2 integrated sensors and 1 reversing switch
2	Central electronic control unit (central module)
3	Axle modulator 1M with integrated ECU for front (steering) axle
4	Axle modulator 2M with integrated ECU for rear (drive) axle
5	Electro-pneumatic trailer control valve (optional)
6	ESC module (optional)
7	Two ABS modulator valves (ABS solenoid control valve) for front axle
8	Two each wheel speed sensors at front and rear axle
9	Steering-axle sensor (SAS, optional)

図 3-54　ワブコの電子制御ブレーキシステム（EBS）[51]

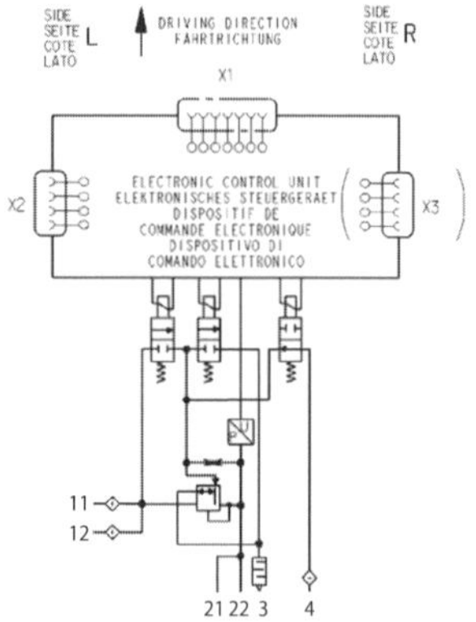

11&12	Air supply port (Connect to Air tank)
21&22	Outlet port (Connect to Brake Chamber)
3	Exhaust
4	Backup port

図 3-55　アクスル・モジュレータの構成[51]

る．一例として，図 3-54 にワブコの EBS とよばれる電子ブレーキシステム[51]のシステム構成を示す．

このシステムでは，ブレーキシグナルトランスミッタ操作，または車間距離や速度を制御する走行制御コンピュータからの減速度情報に基づいて，車両の加速度が指示された減速度と一致するようブレーキ圧が制御される．ブレーキ圧力は，アクスル・モジュレータとよばれる制御モジュールによってブレーキチャンバ内の圧力を調整することにより制御されるが，制御性向上のために，前輪と後輪のブレーキ圧力は二つのアクスル・モジュレータによって独立に制御される．

図 3-55 にアクスル・モジュレータの構成を示す．アクスル・モジュレータは，電子制御ユニット，電磁弁，圧力センサなどからなり，セントラルモジュールの指示により実車の加速度が指示された減速度になるように，エアタンクから Air supply port に供給される空気の圧力を電磁弁で制御して，Outlet port からブレーキチャンバに供給する空気の圧力を調整する．

(2) 油圧制御方式ブレーキシステム

図3-56に，油圧制御方式ブレーキシステムの基本構成を示す．このシステムは，ドライバのブレーキ指示を検出するためのブレーキペダルストロークセンサ，およびブレーキ油圧を確保するための油圧源と油圧制御弁から構成される．ブレーキ制御ECUからのブレーキ力またはペダルストロークセンサ情報に基づいて，油圧制御弁を制御し，ブレーキキャリパにかかる油圧を制御する．実際の装置では，システムが故障した場合に備えて，ドライバのブレーキペダル操作に応じてブレーキキャリパに加圧するオーバーライド機能が必要なため，油圧配管は複雑である．

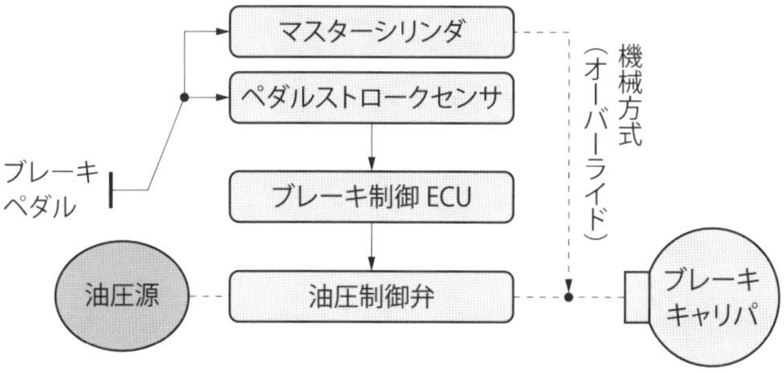

図3-56　油圧制御方式ブレーキシステムの基本構成

トヨタ「プリウス」の電子制御ブレーキシステムでは，ドライバのペダルストローク量を検出し，モータによる回生ブレーキと油圧方式電子ブレーキの協調を行っている．また，電子方式が故障した場合の安全性を確保するため，ドライバのブレーキペダル操作により直接ブレーキキャリパに油圧が加圧される，従来の機械方式も残されている．

3.8 認知・判断・操作にまたがるAI技術の発展

AI (Artificial Intelligence：人工知能) の一手法であるディープラーニング (深層学習) を行って開発されたコンピュータソフトが，囲碁のトップレベルの棋士との対戦で勝利しているように，AIの機能がきわめて高くなってきた．AIが利用される分野も投資・医療・人事管理・センサなど多岐にわたり，それぞれの分野の複雑多量なデータの高度な分析や，その分析結果を用いる意志決定において，専門家の作業を補ったり代行したりすることができるようになってきた．

自動運転に対するAIの利用も盛んに研究されている．自動運転には，複雑な交通状況を認知して高度な判断を行い的確に操作することが求められているので，将来の自動運転に AI が必須となっている．自動運転における AI の適用分野は，認知・判断・操作やその他の多岐にわたるので，本節でまとめて述べる．

3.8.1　AI とは何か

AI は，広義には人間が作り出した知能を有するシステムを指すが，専門家の間でも明確な定義は定まっていない[52]．たとえば，我が国の人工知能学会では AI を「人間が知能を使ってすることを機械にさせる」ことと定義し，大きな特徴は学習と推論であるとしている[53]．「学習」は「情報から将来使えそうな知識を見つけること」である．「推論」は「知識をもとに，新しい結論を得ること」である．また，産業技術総合研究所人工知能研究センターの見解では，図 3-57 に示すように AI は世界を「知覚」し，その中に，「パターン」を「認識」し，計算機処理が可能な形へ「モデリング」と「記憶」を行い，つぎに起こることをパターンにより「推論」し，「計画」，「行動」する一連の流れを行うものとしている[54]．簡潔に表現すると，さまざまな場面を経験して教えたこと以外も学び，より良い答を導き出して実行していくことといえる．これは，人間が自動車の運転で行っている行動に通じる．

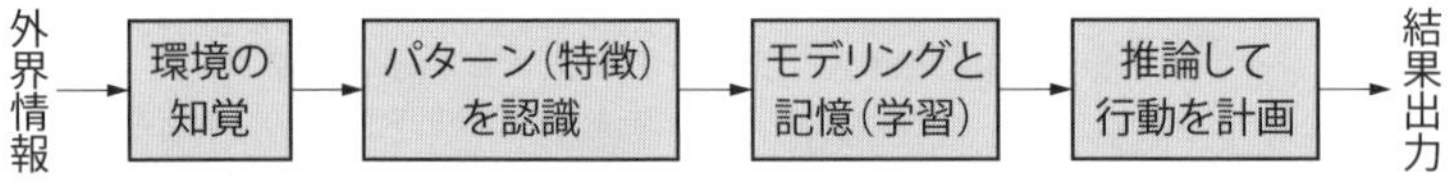

図 3-57　AI の特徴

3.8.2　自動運転に AI が必要な理由

従来の制御システムは，「こういうときにはこうしなさい」というルールが組み込まれていてそれを実行するものであった．たとえば，車間距離制御では速度に応じた車間距離の目標値が設定されていて，車間距離をセンサで測定して目標値に近づけるように制御することが基本である．しかし，単一のルールだけでは必ずしも最適ではないことがあるので，例外ルールも組み込まれている．たとえば，雨天などの視界不良時にドライバが不安なく走行できる車間は晴天時とは異なり，天候などの環境に応じた車間の変更が必要な場合がある．交通の流れに乗って滑らかに運転するためには，混雑状況や他車の動きに応じた車間調整も必要である．自動運転における基本ルールは縦方向と横方向の両方向で参照線に沿って動くことであるが，安全に効率良く乗り心地良く動くためには，基本ルールだけでなく膨大な例外処理ルールの適用が必要である．Google の実験車両には 2000 ものルールが組み込まれているが，それでも十分という保証はない．さまざまな交通シーンや交通環境をすべて経験させて，すべてに適用できるルールを完備することは不可能に近いし，制御系もきわめて複雑なものになると予想される．そこで，教えたこと以外に対しても学習によって自分で学び，未知の状況に対応できるようなAIによる制御が必要であると考えられている．

3.8.3　最近のAIの特徴―ディープラーニング

AIの特徴は，前述のように学習と推論によりさまざまな場面を経験して教えたこと以外も学び，より良い答を導き出して実行していくことである．近年のAIはディープラーニング（深層学習）という手法の開発により，飛躍的に発展した．ディープラーニングは機械（コンピュータ）学習の一種で，人の神経構造を模したニューラルネットワークを多層化して行う学習手法である．

図3-58に，ディープラーニングを行うニューラルネットワークのイメージを示す．バックプロパゲーション（誤差逆伝搬法）とよばれる方法は，出力結果と正解の誤差が小さくなるよう特徴抽出パラメータの修正を出力側から順次行う学習で，認識能力を向上させる．この学習を膨大な入力について行い，正解する能力を向上させる．従来のニューラルネットワークは，入力層・中間層（隠れ層ともよばれる）・出力層の単純な3層構造が中心であった．中間層を増やした多層のニューラルネットワークも考えられていたが，膨大な量のデータによる学習が必要で，データの入手や計算時間，処理の安定性などに問題があり実用化されなかった．ネットワークの発達などにより多量のデータ入手が容易になり，ディープ・オートエンコーダなど安定性の優れたアルゴリズムの研究やコンピュータの処理能力の飛躍的向上により，多層のニューラルネットワークによる学習が可能になった．ディープラーニングでは，学習が進む

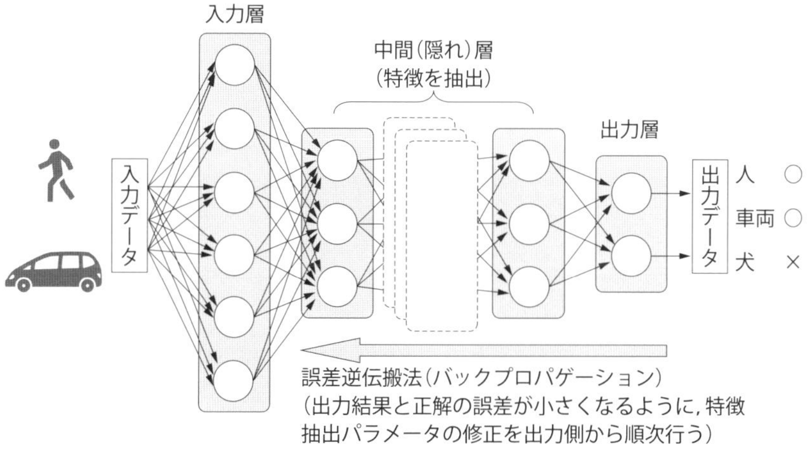

図3-58　ディープラーニングのニューラルネットワークによる学習の原理

につれて学習対象を理解するうえで重要な新たな特徴（パターン）が一緒に抽出され，対象を理解・解析する能力がさらに向上するという長所がある．

ディープラーニングの有効性を最初にわかりやすく示したのは，カナダ・トロント大学のG. ヒントン教授のチームである．2012年に開催された画像認識コンテストで，約1200万個の画像に対する認識でディープラーニングを用いて，圧倒的な認識精度を実証した．その後，中間層が20層以上もあるディープラーニングも実現されている．ディープラーニングは，画像パターン認識に適用されて認識精度を飛躍的に向上させた．その後，画像による医療診断支援などに適用され，異常検出や異常予測に能力を発揮してきた．画像認識の精度向上からさらに物体の移動パターン認識に適用され，道路交通における障害物認知や衝突予測などに有効と考えられるようになった．

移動ロボットへの適用について，従来の機械学習は何を学習するかのヒントを教えて学んでいた．たとえば，まず自動車が走行できる走路は「白線・縁石・ガードレールなどに囲まれた車幅より大きい領域である」ということを教える．つぎに，いくつかの道路の例を認識させて正しく走行可能領域を認識しているかどうかを人間が判定してフィードバックするトレーニングを行い，他の類似の道路を見たときに正しく走路を認識する能力を向上させていた．

これに対して，ディープラーニングでは，学習する要素も自分自身で見出して動作をするという特徴がある．走行可能領域の例では，どういう特徴を捉えて判断すればよいかをいろいろなシーンから自身で導き出していく．たとえば，白線以外にも車線を示すさまざまなマーカがあるが，それらに関する特徴を何に着目して判断するかを自ら探して学習する．また，マーカ以外にも路面状態・工事・落下物など走行に支障をきたす障害を学習して，走行可能かどうかを認識する．これにより，道路以外の場所でも走行可能領域を推論して認識できるようになる．図3-59に示すように，ディー

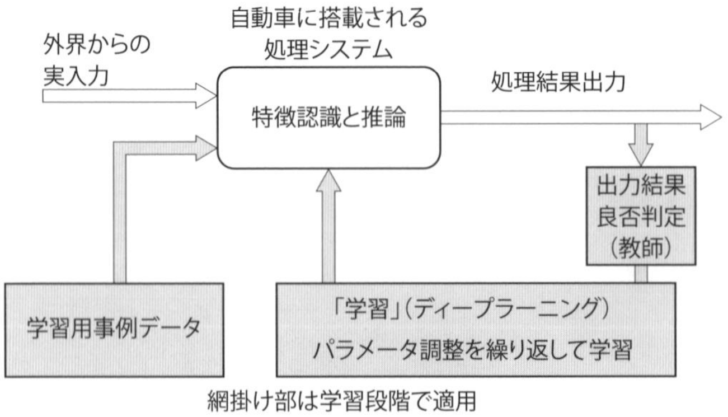

図3-59　ディープラーニングの学習過程と車載推論

プラーニングでは大量な事例データを次々と入力・処理して，推論結果が正しいかどうかを人間（学習の教師）が判定する．その結果を受けて，推論が最適になるように情報処理のパラメータを自己調整していく．自動車には学習した結果を反映した情報処理装置が搭載されて，外界からの実入力を情報処理する．

3.8.4 AIの適用例

自動運転には知的な制御システムが必要であるとの認識から，AIの適用は早くから試みられている．アメリカのカーネギーメロン大学は，1980年代後半からの軍用の自動運転車両ALV（Autonomous Land Vehicle）の研究開発で主導的役割を果たし，その後，一般車両の自動運転技術開発を進めている．その中でAIの一手法であるニューラルネットワークを用いた操舵制御を試みた．一般の道路における操舵制御は白線などのレーンマーカを検出して行っている．カーネギーメロン大学の自動運転車両では，未舗装道路で白線などの道路境界線がない道路でも，走行可能なエリアを見つけて（判断して）操舵制御する技術を開発した．3層のニューラルネットワークを用いて事前にいくつかの道路で学習を行い，走行可能領域かどうかを判断して操舵制御を行っている[28]．

豊田中央研究所では，ニューラルネットワークを用いてドライバの運転モデルを構築し，ブレーキ制御の高度化を図った[55][56]．2000年代中頃にディープラーニングが注目を浴びると，自動車用センサへの応用が研究され始めた．

これまでカメラ画像を用いた物体認識方法として，マシンビジョンとよばれる画像認識方法が用いられてきた．この方法は物体の特徴点をルール化し，このルールに基づいて車両や歩行者等を認識する．あらゆるケースを網羅するのが難しく，非常に限られた条件でしか認識できず，とくに，歩行者と車両が重なった状態や，認識したい物体の一部が他の物体に隠されている状態での認識が困難であった．これに対して，ディープラーニングにより上記の問題が解決できる可能性が示され，自動運転における有力な物体認識方法として期待されている．

図3-60に，ディープラーニングによる物体認識の事例を示す．図（a）は車両と歩行者が重なっている場合の認識，図（b）は歩行者と電柱の認識を示す．両事例とも，車両や歩行者が正しく認識されている．

Googleは，前述のトロント大学のG. ヒントン教授を誘ってディープラーニングの応用開発チームを立ち上げ，多くの成果が実用化された．Googleの自動運転車両でも，ディープラーニングによる環境認識と制御が研究されている．ライダにより車両周辺の3次元立体地図を作成して，その分析をAIで行い，速度や操舵を制御している．3次元情報は，障害物などを確実に検出できるメリットがあるが，データ量が

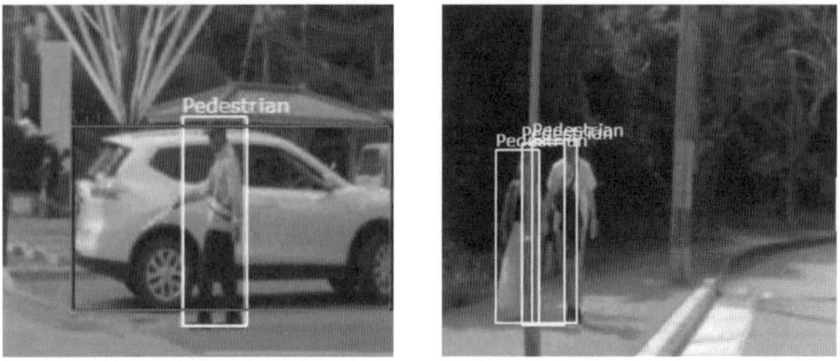

（a）　車両と歩行者が重なっている場合　　（b）　歩行者と電柱の認識

図 3-60　ディープラーニングによる物体認識の事例

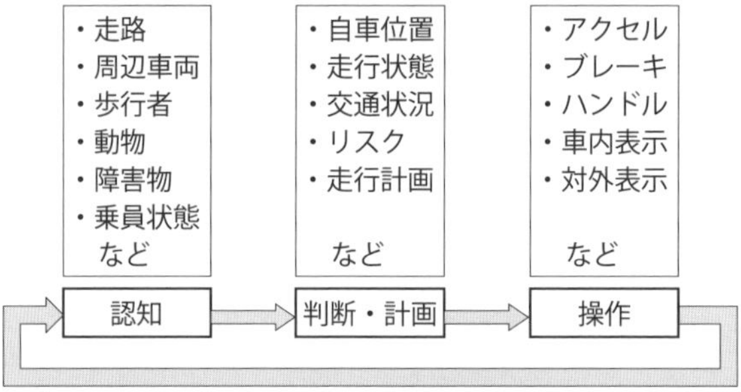

（各内容単独ではなく複合的, 総合的に行われることが多い）

図 3-61　AI のさまざまな活用場面

多くその処理が膨大になる．多量データから状況認識と判断を行うのが得意な AI の特徴を活かしている．

一方，普通の 2 次元画像情報による状況認識と判断に関する研究開発も多くの機関で行われている．ライダよりも構造がシンプルで，他の機能との共通利用が可能な 2 次元画像のほうが，むしろ盛んに研究開発されている．このほか，図 3-61 に示すように，さまざまな場面へ AI の適用が進められている．

自動車や自動車用システムを扱っている会社と AI 関連研究機関の連携も盛んである．各社は AI が今後の商品における技術の要であるとの認識のもと，AI ベンチャーの設立や合弁による研究開発機関の設立を盛んに行っている．膨大なデータを学習するのはデータの収集と計算コストが大変である．日本の自動運転関連の公的プロジェクトでは，さまざまな交通シーンのデータを集めて共有できるようにして，危険な場面の認知に活用することも進められている．ゼロからディープラーニングするのではなく，学習済みモデルを流通させて活用する方向も検討されている．

3.8.5 AIの課題

上述したように，自動運転にAIを用いると大きなメリットがあるが，いくつかの課題もある．その主なものについて紹介しよう．

まずAIは，自動車運転時に遭遇する膨大な道路シーンを学習することができるが，すべての道路シーンを網羅しているわけではない．学習できなかった道路シーンに対するシステムの挙動は不明である．また，学習した結果から作られた制御系の妥当性を走行実験で評価しようとすると，5.5.2項で述べるようにとても長い時間をかけて長距離走行しながら，さまざまな危険なシーンを評価していく必要があろう．

つぎに，学習内容の法規に対する妥当性も大きな課題である．さまざまなシーンにおける運転を学習しようとすると，実世界における人間の運転を学習することになろう．すなわち，ドライバが安全に効率良く滑らかに運転している状態を学習させるのである．しかし，人間は必ずしも法規を厳密に守って運転しているわけではない．空いている道路では，実速度が法定速度を少し上回っていることもある．また，混雑している道路の合流においては速度を他車と合わせたうえで，法規などで定められた車間より狭い車間で合流することもある．これらの行動は，厳密には法規通りではないが，流れに乗って走行したほうがよいとの考えもあり，自己責任において実行している人は多い．それを学習したAIによる制御で問題が起こった場合に，学習内容が正しかったかどうかが問われる可能性がある．

膨大なデータを学習した場合，そもそも何を学習したかを明らかにすることが困難である．仮に学習記録などから明らかにできたとしても，学習内容がすべて正しかったということを証明するのは容易ではない．また，ディープラーニングでは中間層が何層にも及ぶため，結論の導出過程の透明性確保が困難になる．もし，事故が発生したとき，その原因究明ができない可能性がある．

倫理上の課題もよく指摘され，後述の5.4.7項で自動運転におけるトロッコ問題を例示する．トロッコ問題は，AI特有の問題ではなく自動制御全般にかかわる課題であるが，自動車の運転においても，公共の利益と自分の利益が一致しない場合にどうするかが大きな課題である．研究者や設計者はそれらに配慮した解を見つけていかなければならない．

コラム　自動運転車と人間のレース

チェスや将棋などの世界ではトッププロとコンピュータが対戦してコンピュータが勝つケースもあり，話題になっている．自動運転車についても同様なときがやってくるかもしれない．著者は，1997年のアメリカのAHSのデモに参加したホンダの自動運転車が，実験場に設定された曲がりくねった狭い車線幅のコースをバックで高速走行しているシーンを見たことがある．著者は，自動車会社の職場の運転技能競技会でバックの運転部門で優勝したこともあり，バックの運転には多少自信があったが，ホンダ車の走行を見て「自分にはとてもあんな高速で曲がりくねったコースをバックで走ることはできない．運転技術は自動運転車のほうが上である」と感じた経験がある．

図3-62は，スタンフォード大学の自動運転車研究チームが開発したShellyという名称の自動運転車である．アウディTTSという車両を改造して，プロのレーシングドライバの運転技能とAI技術を用いて，安全で高速な自動走行ができる制御技術を開発している．2012年のテスト走行で120 mile/h（約190 km/h）以上の走行が行われ，その後，車検変更や追い越しなどの自動運転技術の研究開発も行われている．

図3-62　スタンフォード大学の自動運転車

同様な研究開発がアウディでも行われ，RS7というスポーツ車をベースにした自動運転車が，ドイツのレース場において，240 km/hに達する速度で走行している．また，BMWの自動運転車は，2014年のラスベガスのコンシューマエレクトロニクスショー（CES）において，プロドライバ並のドリフト走行を披露している．2017年には，中国のNextEV社の自動運転電気自動車が257 km/hという記録を出した．自動運転のレーシングカーによるレース「Roborace」も始まっている．2017年に電気自動車レース「フォーミュラE」のサブレースとして，2台の自動運転車がレース場で競争した．デモ走行としてヒューマンドライバと自動運転のタイムアタックも行われた．近い将来，自動運転車とトップレーサーの競争が行われるであろう．

第 4 章 自動運転システムの実例

1.2 節の目的を実現するための自動運転システムについて，これまでに開発された実際のシステムの代表的事例を挙げる．縦，横方向の単独の自動化の例も含めて紹介する．

4.1 安全性の向上の事例

安全は自動運転の大きな目的となっており，すべてのシステムが安全機能を必要としている．安全に走行するためには，前方の車両などの障害物に衝突しないように速度や車間距離を調整しながら走行する縦方向制御，車線からはみ出さないように車線内走行を維持したり，走行車線上の障害物回避や合流のために車線変更したりする横方向制御，交差点で交差する車両と衝突しないように発進や右左折を制御する交差制御の三つが適切に行われる必要がある．これらの機能を実現したシステムの事例を紹介する．

4.1.1 安全のための縦方向制御

（1）前方障害物衝突防止

レーダをはじめとする前方障害物センサや画像処理などにより，レーン前方の停止車両や落下物などの障害物を検出して，ブレーキを自動制御して衝突を防止するシステムである（図 4-1）．すべての自動運転実験車において何らかの形で実現されている．

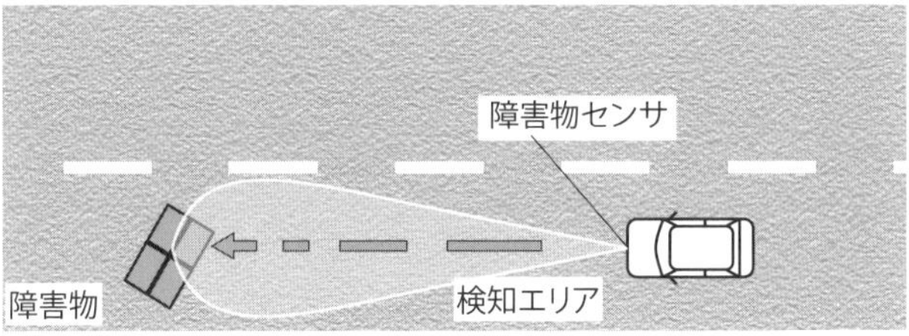

図 4-1　前方障害物衝突防止自動ブレーキシステム

この機能は，衝突被害軽減ブレーキなどの名称で多くの市販車にすでに搭載されている．とくに，スバルの EyeSight という運転支援システムが有名である．

（2）追突防止機能付き定速走行（ACC）

レーダなどで先行車を検出し，レーン前方に車両（先行車）がいない場合は一定速度に制御し，先行車が存在する場合は車間距離を安全に制御するシステムである（図 4-2）．多くの自動運転実験車において実現されている．この機能は，アダプティブ・クルーズ・コントロールなどの名称で多くの市販車にすでに搭載されている．

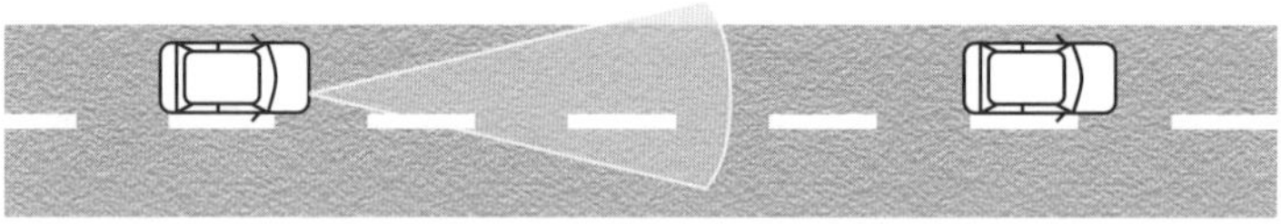

（a）　一定速度制御（先行車検出範囲外）

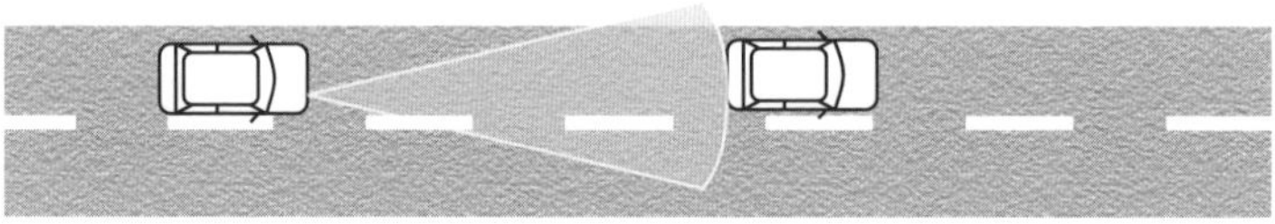

（b）　車間制御（先行車あり）

図 4-2　追突防止機能付き定速走行（ACC）

4.1.2　安全のための横方向制御

（1）車線内走行維持（レーンキーピング）

レーンの基準位置を示すレーンマーカを検出して操舵制御を行い，車両が車線内を走行するように制御する．レーンマーカは車線を示す白線（黄線を含む）を画像で検出することが多いが，悪天候時など白線を検出しにくい状況もある．そのため，電磁的信号を用いてより確実に検出する試みも行われている．その一つが，図 4-3 に示す磁気マーカである．車線中央に磁気マーカを設置して，磁気センサでその磁束を測り，車線中央位置を検出して操舵制御を行うものである．その他に，誘導ケーブルを用いるものや磁気テープを用いるものなどが検討された．

また，白線が存在しない場合もあり，道路鋲などがレーンマーカとして用いられている．薄れた白線なども含めた曖昧なレーンマーカを，ニューラルネットワークを用いて検出を試みた例もある[1]．

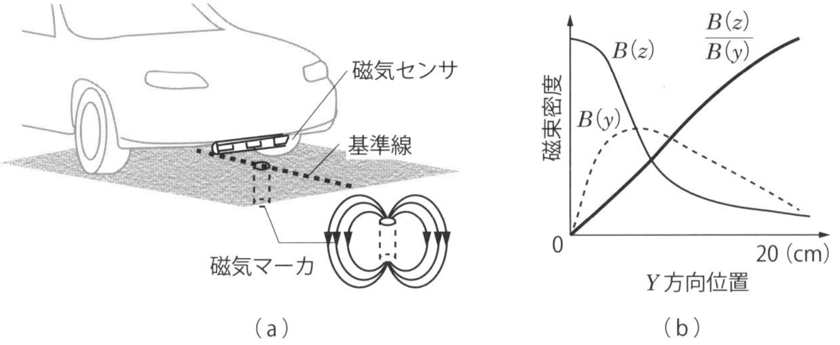

図 4-3　磁気マーカによる車線検出

(2) カーブ車線逸脱防止

急カーブを高速で走行すると，曲がりきれずに路外逸脱して事故を起こす．これを避けるために，前方カーブ形状を検出し，カーブ曲率を判断して適切なカーブ進入速度に制御するものである（図 4-4）．

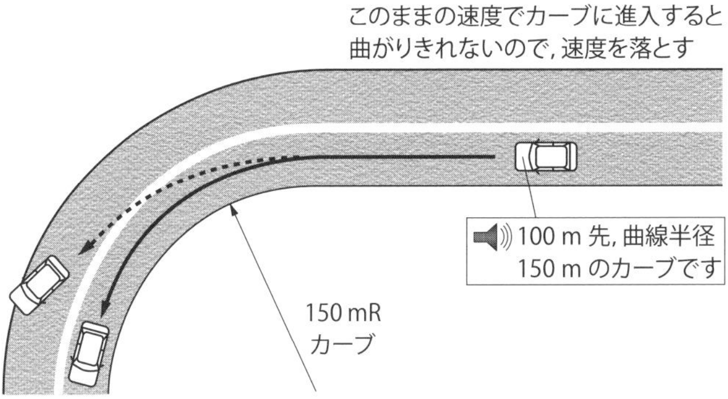

図 4-4　カーブ車線逸脱防止速度制御システム

カーブ検出は，ナビゲーションシステムによる自車位置と地図情報から，カーブの存在とその曲率などを検出するものが多い．その他に，画像によって前方レーンを検出してカーブの存在とそこまでの距離を知るものや，道路インフラから前方道路情報を通信で伝えてカーブの存在とその曲率を知るものなども試みられている．

上述の縦方向制御と横方向制御は広く実用化が進められている．高速道路用には両者を組み合わせたシステムも実用化され，つぎに述べる車線変更を自動的に行うシステムと組み合わせると，条件のよい高速道路ではほぼ自動で走行することが可能になっている．

(3) 車線変更システム

障害物回避，進路変更，合流・分流などのために車線変更が必要である．画像処理などにより，自レーンと隣接レーンを検出して車線変更を行う．その際に，他車両と衝突しないように側方や後側方の車両を検出して衝突判断を行わなければならない．そのため，自車両の周囲を広く検出する機能が必要である．図 4-5 は，車両周囲の障害物検出のイメージである．初期の Google 車のように，屋根の上のセンサで全体を検出する考えもあるが，突起があるのと，近くの地上付近が見えないのは好ましくないとの見解も多い．センサを車から突出しないように複数設置して，図の網掛け部を検出する考えもある．

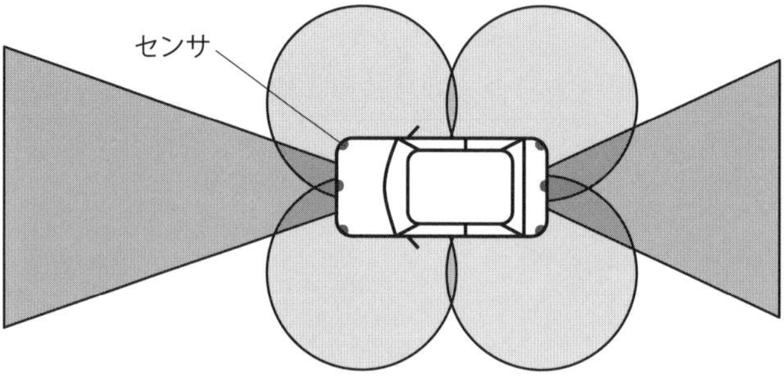

図 4-5　車両周囲検出のイメージ

4.1.3　安全のための交差制御

交差点においては，まず，赤信号や一時停止などの信号・標識に従った運転が必要である．信号・標識は，車載のカメラで検出する方法と，道路インフラからの通信で車が受け取って制御する方法がある．右折時には，対向車や横断歩道を渡る歩行者と衝突しないように走らなければならない．これらも，車載のセンサで検出する場合と，道路インフラで検出してその情報を通信で車に伝えて制御する場合がある．車載の場合，視野が限られて死角にいる車が見えない可能性がある．道路インフラの場合にも，センサの設置場所や設置数によってはすべての事象を完全にカバーできないこともある．図 4-6 は，路側（道路）に設置したセンサで，見えにくい対向直進車を検出して車に伝えている例である．

交差に関しては，信号に応じた停止と発進，一時停止箇所における停止と安全確認後の発進，左折時の歩行者や二輪車の巻き込み事故防止などが課題で，市街地走行を目指したシステムで盛んに研究開発されている．

また，踏切における列車との交差も課題であり，画像による踏切の認識や，踏切の

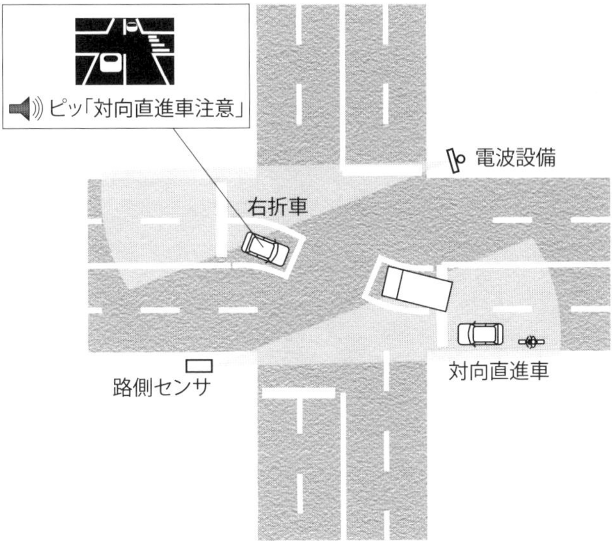

図 4-6　路側センサによる対向車の検出

存在を通信で知らせる方法などが検討されている．

さらに，歩行者との衝突防止も大きな課題であり，盛んに取り組まれている．歩行者は自動車に比べて小さく，衣服の色も多様で，レーダに対する反射も弱いなど検出しにくい事情が多くある．また，歩行者の挙動は，自動車の挙動に比べて変化が激しく予測しにくい．車載の受信機で検出しやすい発信器を，歩行者に携帯してもらう方法なども試みられている．

4.1.4　その他の安全システム

上述以外に安全のためのさまざまなシステムが必要である．図 4-7 は，国土交通省の ASV において開発された安全システム全体を示すものである．この図は乗用車用であるが，その他にトラックやオートバイのための安全システムも開発された．ASV において開発された安全システムの多くは，自動運転システムの要素技術として活用されている．

4.1.5　市街地走行

（1）DARPA Urban Challenge

アメリカの DARPA は，軍用車両の自動化を目的として研究開発しているが，その技術は民間用途にも展開できることを視野に入れている．砂漠などのオフロードにおける軍事作戦を想定した Grand Challenge を 2004 年と 2005 年に実施し，2007

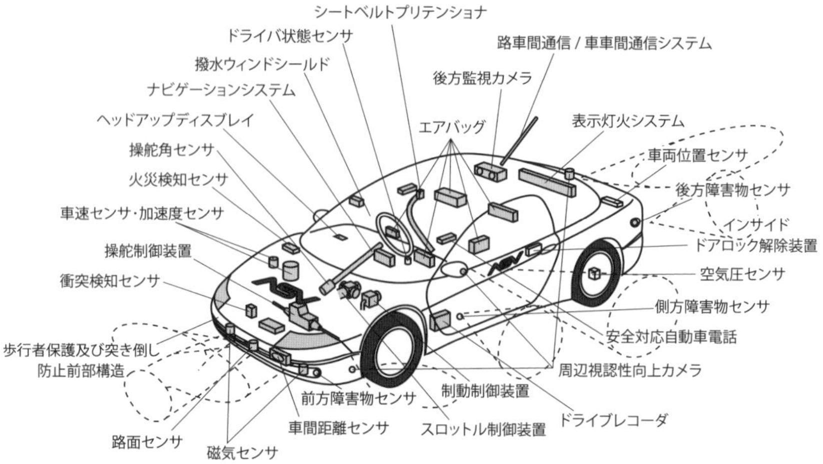

図 4-7 ASV の安全対策システム[2]

年には市街地における作戦を想定して Urban Challenge を実施した．200 万ドルの優勝賞金をかけたレースである．軍事用途の自動運転であるが，市街地における走行に必要な安全な自動運転を求めており，その内容は，民生車両の市街地走行の安全運転に十分応用できるものである．カリフォルニア州ビクタービルの軍事基地跡の図 4-8 に示すコースにおいて，与えられた走行課題（ミッション）をクリアする時間，交通規則の遵守度合い，突発的な事象への対応力などを競った．コースは A，B，C 三つのエリアが設けられ，以下が実施された．

- エリア A では交差点左折，交通への流入
- エリア B ではナビゲーション，駐車
- エリア C では交差点通過，U ターン

このレースでは．以下のような課題をクリアしながら約 60 マイル（97 km）を 6 時間以内に走らなければならない．

- 直前に与えられたミッションに従った走行計画生成
- カリフォルニア州の交通規則に従った走行
- 複数の自動運転車とプロドライバが運転する 30 台の手動運転車が混在して走行する環境で安全に走行
- 駐車スペースから他車両が走行する道路への合流
- ラウンドアバウト（環状交差点）の通過
- 4 方向一時停止交差点における到着順に応じた発進による交差点通過

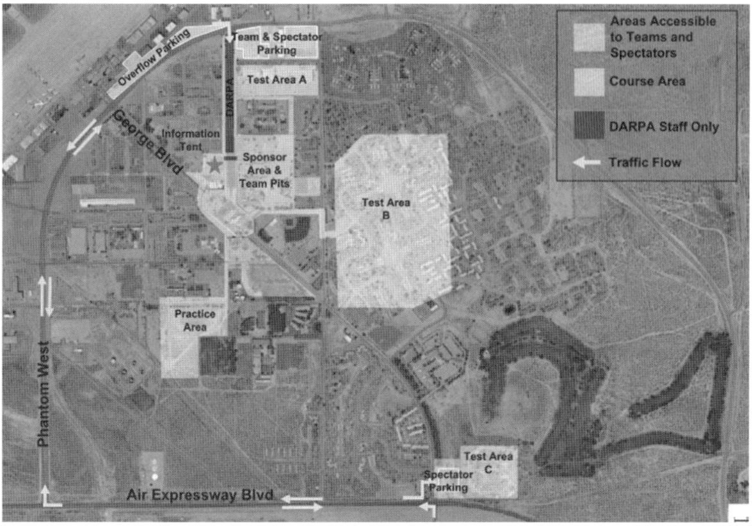

図 4-8　DARPA Urban Challenge レースのコース[3]

図 4-9　カーネギーメロン大学の自動運転車
（2014 年 ITS 世界会議のデモ会場で著者撮影）

- 交差点における信号・標識に応じた停止，発進
- 対向車両など他車両とのタイミングを調整した右左折
- 停止車両や障害物を避けての通過
- 対向 2 車線道路における U ターン
- 制限速度を認識して速度調整
- 決められた駐車場で駐車スペースを探して駐車

障害物，レーン（白線など），信号・交通標識，駐車スペースなどの走行環境を検出するカメラ，ライダなどのセンサ群を装備して，縦方向制御と横方向制御を自動で行うことが基本となる．合計 89 台の車のチームが応募し，厳しい審査や事前走行テ

ストをクリアした11台が決勝レースに出場した．図4-9に，優勝したカーネギーメロン大学チームの自動運転車を示す．ルーフの上などに多くのセンサが搭載されている．

各テスト車の後ろを追跡車が走り，危険な状態になったと判断したときはリモートコントロールで緊急停止させる．コースには約100箇所のチェックポイントが設けられ，ミッションに従ったコースを走っているか，交通規則を守っているかなどがチェックされ採点（違反ポイント決定）された．システムの故障や路外逸脱衝突などで5台が途中失格になったが，6台が完走した．

レースの結果，基本的な交通規則を守って市街地を安全に走行する技術の可能性が示された．実交通環境では，歩行者や二輪車などの動きを予測した予防運転や雨・霧・雪などの悪環境への対応など，さらに難しい課題を克服していかなければならない．

（2）Googleの市街地走行への取り組み

Googleは，DARPAのGrand ChallengeとUrban Challengeに挑戦して上位入賞したチームの研究者をスカウトして，自動運転車の研究開発を行ってきた．自動運転研究チームは2016年に分社化され，Waymoという会社で実用化を目指した活動を行っている．センサなどはDARPA Urban Challengeに参加した車両と類似のものを使用している．図4-10はGoogle（Waymo）実験車である．特徴的なのが，車両のルーフの上に取り付けられたレーザセンサ（ライダ）である．高速で360°回転しながら64本のレーザ光を発し，反射光の到達時間を計測して距離を測定し，車両周囲の3次元画像を描くことができる．Waymoのエンジニアは，300 m先まで計測できると述べている．その他に，信号・標識などの色や駐車時の車両近くの環境認識などのために，カメラ，レーダ，GPS受信，車輪回転速度センサ（慣性航法用），方位センサなどを備えている．Googleは，自動運転車開発の主目的を安全性向上と運

図4-10　Google実験車[4]（出典：Waymo）

転弱者の利便性向上においている．当初，高速道路の自動運転に取り組んでいたが，その後，市街地の走行に重点を移して取り組んでいる．市街地走行では，その場所における交通ルールや危険性に関する詳細な情報が有益であり，地図情報とリンクした運転に関する知識情報が利用されている．その地点の物理的環境情報は，車両の位置を詳細に特定するのにも利用されている．

Google の実験車は AI 技術を活用している．法規や実験から得られた知識や運転の上手なドライバが行っている予防的な運転に関する知識を活用して，判断・計画立案を行っている．DARPA Urban Challenge で示された基本的ルールを守る運転から，予防的に安全を確保する運転への発展を進めている．その内容を以下に示す．

- 車両や歩行者の現在位置だけでなく学習結果も利用して，今後の移動を予測して衝突などの危険を判断
- 信号や標識だけでなく，誘導員の手信号を理解して判断・計画
- バイクや自転車の人の手による合図（右左折など）を理解して判断・計画
- 道路工事箇所のコーンの配列を認識して走行車線を判断
- 停止車両や障害物を検出して車線変更による回避
- 後続車がある場合には急減速を行わないようにして，追突されることを避ける
- 交差点で先頭にいる場合には，信号が変わったあとに横から遅れて交差点に入ってくる車両による危険を考慮して，1.5 秒間発進を遅らせる

Google は，20000 のシナリオを想定して実験やシミュレーションを行っている．当初は模擬市街地の実験場で行っていたが，サンフランシスコ市近郊のマウンテンビュー市で，市街地の道路をくまなく走行しながら，安全走行に関する知識の獲得とそれを利用した知識ベースの安全走行技術の開発を行った．2018 年からアリゾナ州フェニックスとその近郊で，20000 台の EV 自動運転車で一般ユーザによる市街地走行実験を始めている．Google による自動運転車を用いた走行実験の累計は，2018 年 10 月時点で約 1000 万マイル（1600 万 km）に達している．

4.1.6 協調走行システム

協調走行システム（cooperative driving system）とは，複数台の自動運転車が，柔軟な隊列を形成し，合流，分流，車線変更などを円滑に行う走行形態で，その目的は，自動車交通の安全と効率の両立，すなわち安全を大前提とした渋滞発生の抑制にある[5]．協調走行のための要素技術は，自動運転技術と車車間通信技術である．隊列内で各車両が自車の位置，速度などのデータや挙動意思を周辺車両と車車間通信で交換し，相互の位置関係やそれぞれの挙動意思を認識することによって，柔軟な隊列走

行が可能となる.

機械技術研究所と自動車走行電子技術協会は，2000 年 11 月に自動運転車 5 台を用いた協調走行システムのデモをテストコースで実施した．このデモでは，自動運転隊列を，雁の渡りのフォーメーション[6]のように，またイルカ[7]が仲間と会話をしながら泳いでいるように走行させた．このような背景のもとに，ここで開発した車車間通信のプロトコルに，「イルカ」を意味する DOLPHIN（Dedicated Omni-purpose Inter-vehicle Communication Linkage Protocol for Highway Automation）というニックネームをつけた．カリフォルニア PATH のシステムが「堅固な隊列」とすれば，ここで扱う協調走行システムは「柔軟な隊列」である．

車車間通信には郵政省(現総務省)から許可を得て, ETC で用いられている 5.8 GHz の DSRC を採用した．通信周期は 20 ms で，この間に各車が他の 4 台の車両にデータを送受信し, 結果として各制御周期(100 ms)内にどの車両も他の 4 台の車両のデータを受信することになる．そのプロコトルは CSMA に基づくが，これを採用した理由は，パケットの衝突が発生する可能性があるものの，自律分散型ネットワークの形成に適しているからである．すなわち，車両間で構成されている通信ネットワークへの新たな参加や離脱を容易にするためである．送受されるデータの実時間性は，制御周期 100 ms 内に送受信を最大 5 回繰り返すことによって確保している．

各自動運転車に装備されたセンシング機能は，自車位置の計測を行う RTK-GPS（3.2.1 項参照）と前方物体の検出と距離を測定するライダである．静止した状態の車両位置を RTK-GPS で測定したときの誤差は, テストコース上で 1 ～ 2 cm であった．各車両のライダは，障害物または先行車までの距離を測定するために使用した．各自動運転車の横方向制御は，テストコースの精密なデジタル地図と RTK-GPS で測定した自車位置に基づいて行った．このような機能をもつ 5 台の車両を用いて，車間距離 20 m，走行速度 60 km/h で隊列走行，二つの隊列への分流，二つの隊列への合流などのデモを行った．図 4-11 は合流シーンを示す．

図 4-11　出口ランプを想定した二つの隊列の合流シーン（外側レーンの 2 台の車両からなる隊列が内側レーンの隊列に合流している）（機械技術研究所提供，2000 年撮影）

4.1.7　ドライバモニタと健康状態不良時の自動停車

運転支援システムではドライバが制御ループの中に入っているので，ドライバが運転できる状態にあるかどうかが大きな問題である．とくに，レベル3のシステムは短い時間の間に自動制御からドライバに運転を引き継ぐ必要があり，ドライバが正常に運転できない状態であると大変危険な状態になる可能性がある．レベル1や2のシステムも，ドライバが正常に運転できることを前提にしたものである．このため，ドライバが眠っていたり，システムを過信して運転環境に対する注意を怠っていたりすると，システムの対応範囲を超えた場合にドライバがシステムをバックアップすることができず危険になる．自動運転に限らず一般の自動車でも，走行中にドライバが運転できなくなったときには安全に停車させるような機能がないと，重大事故につながる危険が高い．

（1）ドライバモニタ

ドライバの状態，とくに異常を検出するドライバモニタは安全にかかわる重要な技術で，居眠り運転の検出を中心に古くから研究開発されてきた（表4-1）[8]．ドライバモニタの方法はさまざまなものが検討されているが，主要な技術を大別すると表のようにまとめられる．

表4-1　ドライバモニタ方法

No.	検出技術		検出方法
1	運転操作の検出		ステアリング，アクセル，ブレーキなどの操作状態の変化から推定
2	車両状態の検出		車速，縦横加減速度，白線等に対する車両位置などの変化（ふらつき等）状態から推定
3	ドライバの応答検出		定期的にドライバに応答を求めて，その反応から状態を推定
4	ドライバ生体計測	ドライバ挙動検出	ステアリング把握力，まばたき，視線，頭部の動き，姿勢などを計測して状態を推定
5		生体信号検出	心拍（脈拍），脳波，呼吸，発汗，眼電位，皮膚電位などを計測して状態を推定

運転支援の場合は部分的であってもドライバが運転を行っているので，表の1～4番の多くが適用可能であるが，自動化レベルが高くなるとドライバが運転していることを前提とした方法は適用できない．その場合は，5番や4番をカメラなどを用いて非接触で行う方法が検討されている．

（2）健康状態不良時の自動停車

ドライバが心臓麻痺や脳梗塞などで運転できなくなったときに，安全に停車させるシステムが開発され実用化が図られている．1.1.1項で示したように，運転中に健康状態が悪化して事故に至るケースが多いため，そのようなときに重大事故にならないように自動的に停車させるシステムである．ワンマン運転の鉄道車両ではすでに取り入れられており，「デッドマン装置」とよばれている（図 4-12）．この装置で，運転者は太線で囲まれたグリップを握って運転する．デッドマン装置は，ハンドルまたは足元に設置されたスイッチを運転手がつねに保持する（握り続けるか踏み続ける）．健康不良で倒れた場合は保持できなくなるので，これを検出して電車を停車させる．

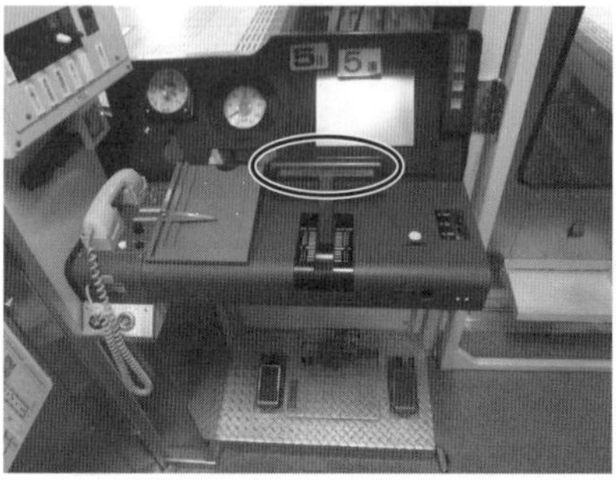

図 4-12　鉄道車両のデッドマン装置[9]
（西日本鉄道提供）

自動車の健康状態不良時の自動停車システムも発想は同じで，ドライバが正常に運転操作を行っていない場合に異常発生と判断して自動停車を行う．正常に運転していないことは，ハンドルを握っているかどうかの状態を検出する方法が適用されている．その他に，ドライバの顔や姿勢を画像処理して，運転できる状態かそうでないかを判断する方法も試みられている．

現在はドライバが運転する車を対象に開発されているが，自動運転車においても，ドライバのバックアップが必要な自動化レベル 3 のシステムでこの技術が必要になる．具体的には，ドライバが正常であるかどうかを検出して，ドライバがバックアップを行えない状態と判断された場合にはシステムが車を安全に停車させるものである．なお，停車後は救命措置を行う必要があるため，携帯電話や路車間通信で救急機関に通報したり，ハザードランプなどで周囲に異常発生を知らせたりする．自動運転車の場合には，路肩に寄せて停車し，他車両に追突されるなどの二次被害を避けることが想定されている．

国土交通省は，ドライバが急病等により運転の継続が困難になった場合に自動車を自動で停車させる「ドライバ異常時対応システム」のガイドラインを策定[10]し，技術的要件などを定めた．対象車種，ドライバや同乗者がボタンを押すことを含む検知方法，運転者への作動警報，制御減速度，同乗者への報知，他の交通への報知の要件を含んでいる.

4.2 効率化の事例

4.2.1 グリーンウェーブ運転支援システム

グリーンウェーブ運転支援システムは，交通信号と車両との協調により交差点を停止せず通過できるシステムである．複数の交通信号機の現示制御を同期化するとともに，路車間通信を用いて信号機の現示制御状態を走行車両に知らせ，信号機までの距離情報をもとにACCを用いて速度制御される．図4-13にグリーンウェーブ運転支援システムの構成を示す.

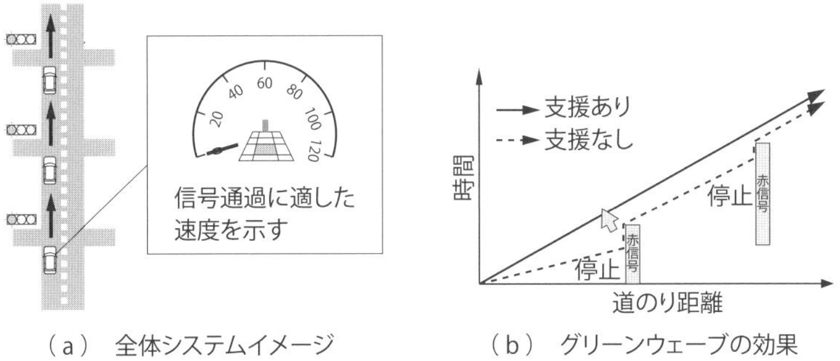

（a） 全体システムイメージ　　（b） グリーンウェーブの効果

図4-13 グリーンウェーブ運転支援システムの構成

4.2.2 ACCによるサグ渋滞軽減

いまだ研究レベルであるが，下り勾配から上り勾配に変わる地点で発生するサグ渋滞を，ACCやCACCを利用して軽減する方法が検討されている．図4-14に，サグ渋滞の発生するシーケンスの一例を示す．このシーケンス例では，走行車線を走行中の車両が追い越し車線に車線変更し，追い越し車線側の車両が増加するとともに，車間距離のバラツキによりブレーキ操作を行う車両がトリガとなり，後続車になるほどブレーキ操作が多くなる．その結果，ブレーキの増幅伝播によって速度が著しく低下する減速波（ショックウェーブ）が発生して渋滞になってしまう.

一方，渋滞が発生する前に一般車の中にACC車が走行している場合を考える．ACCによる車間距離制御は，人間のドライバに比較して車間距離に対する減速が正確なため，ブレーキの踏みすぎが回避され，この結果，ショックウェーブ現象がACC車で遮断されて，渋滞が緩和される．図4-15に，一般車の車列にACC車が混在した場合の渋滞低減率のシミュレーション結果の一例を示す．この計算例では，

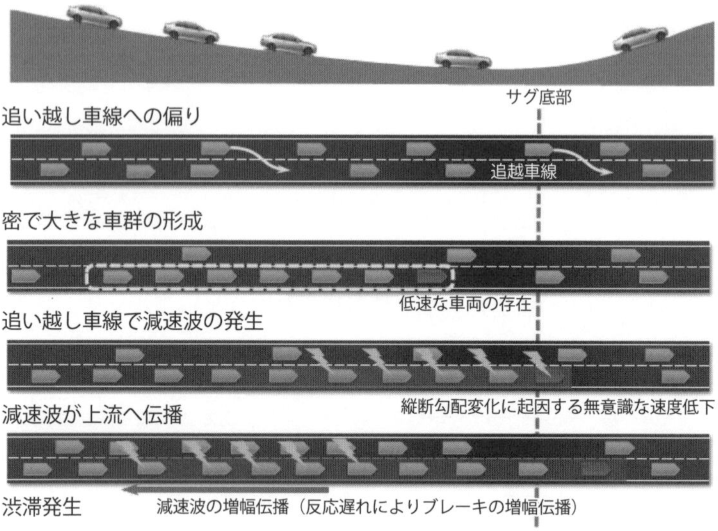

図 4-14　サグ渋滞の発生するシーケンスの一例[11]

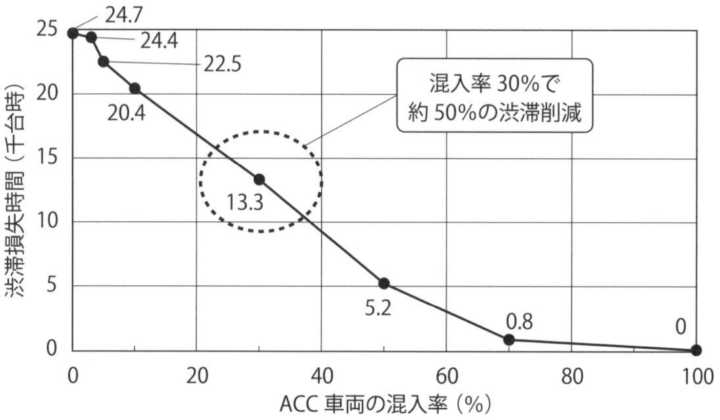

図 4-15　ACC 車混在時の渋滞低減率のシミュレーション結果
（文献[12]のデータをもとに著者作成）

ACC 車混入率 30%で渋滞が半減している．

4.2.3　トラック隊列走行

(1) 隊列走行による燃料消費向上

車両が近接して走行した場合，後続車との間の空気抵抗が低下することが知られている．そこで，車両を近接して走行し燃料消費の向上を図る隊列走行の開発が，日米欧で研究開発されている．

図 4-16 に，大型トラックによる隊列走行における空気の流れを数値流体シミュレーションした場合の例が示されている．シミュレーション条件は速度 80 km/h，隊列台数は 3 台である．図中において，後続車の前部圧力は先頭車に比較し大幅に低下している．また，先頭車および中間車の後部の負圧も減少している．

また，図 4-17 に，3 台隊列走行の空気流体シミュレーションにおける車間距離 4 m での各車両の空気抵抗を示す．図中の各トラックの空気抵抗は，単独で走行した場合の空気抵抗を 100%とした相対比で表されている．空気抵抗の低減割合は，中間

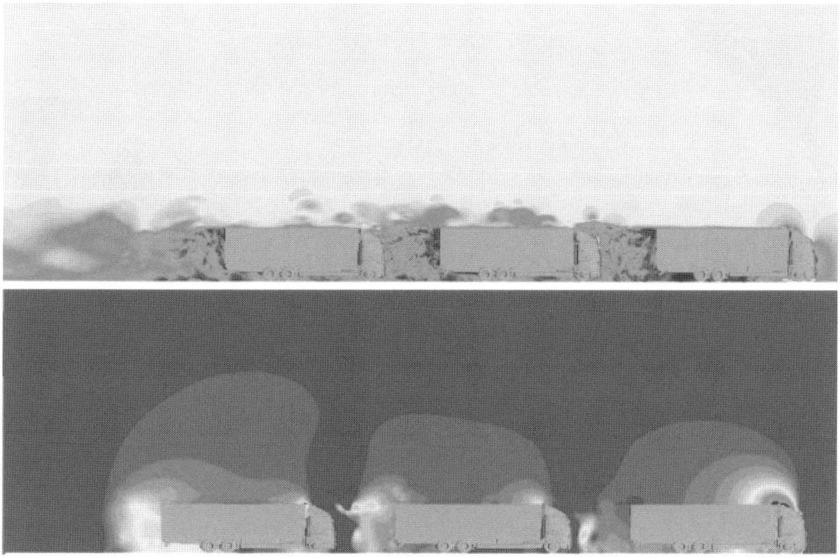

図 4-16　隊列走行における空気の流れのシミュレーション
（新エネルギー・産業技術総合開発機構（NEDO）より書き起こし引用，編集）

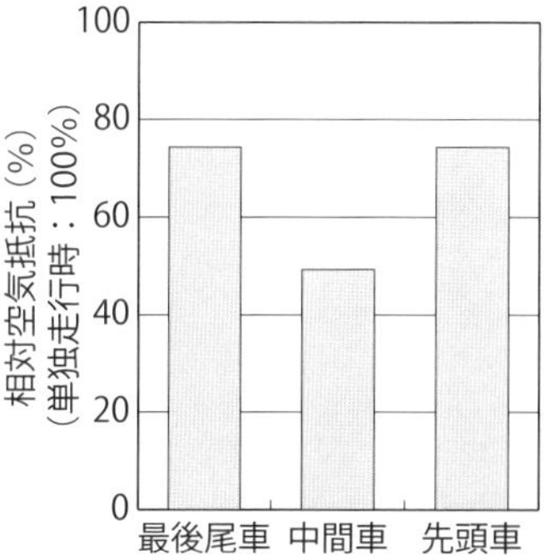

図 4-17　隊列走行時の空気抵抗低減割合

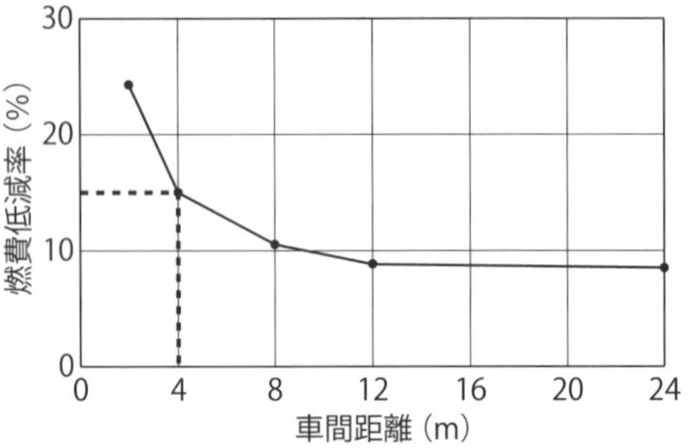

図 4-18　隊列走行の燃費低減率

車で最も大きく，単独走行に比べ約 50%低減している．また，先頭車での後部負圧も低減し，単独走行に比べ約 25%低減している．

上記の空気抵抗の低減割合をもとに，定積状態において隊列走行した場合の燃費低減計算結果を図 4-18 に示す．この計算例では，走行速度 80 km，車間距離 4 m の 3 台隊列において，1 隊列あたり約 15%の燃費低減効果があると推定された．

（2）トラック隊列走行システム

隊列走行による省エネ効果を実証するために，大型トラックを用いた自動運転隊列走行システムがエネルギー ITS 推進プロジェクト（通称「エネルギー ITS」）にて開発された．

開発された隊列走行システムの構成を図 4-19 に示す．隊列走行システムは，隊列を形成するための隊列形成システム，走行レーンに沿ってタイヤ操舵角を制御する車線維持制御システム，隊列内の車間距離を保持するための車間距離制御システム，隊列の前方を走行する車両との衝突を防止するための衝突防止制御システムから構成さ

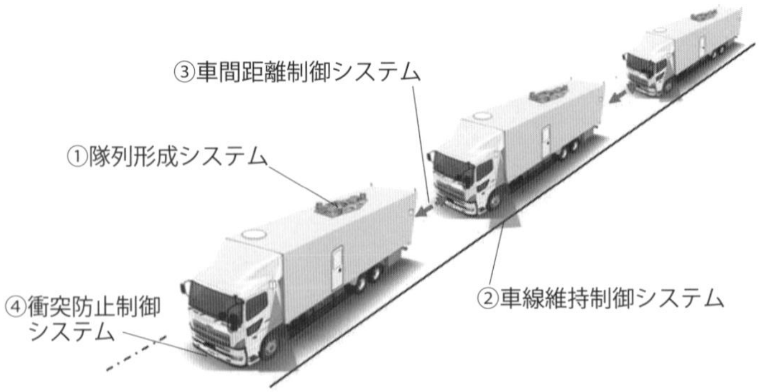

図 4-19　隊列走行システム構成

れている．

図 4-20 に実験車の外観を示す．白線検出センサとしてカメラおよびライダが用いられているが，太陽光や雨の影響を排除するため，各センサは路面に対して垂直方向に取り付けられている．ハンドルを回転する操舵制御モータは，ギヤを介してステアリングシャフトと平行に装着されている．隊列内車間距離センサおよび前方障害物検出センサとして，76 GHz ミリ波レーダとライダがフロントグリル部に装着されている．車間距離制御のための車車間通信用のアンテナは，車両後方のルーフ部に取り付けられている．

図 4-21 に車線維持制御システムの構成を示す．車線維持制御は，道路線形を用いたフィードフォワード制御部と，道路区画白線情報によるフィードバック制御部から構成

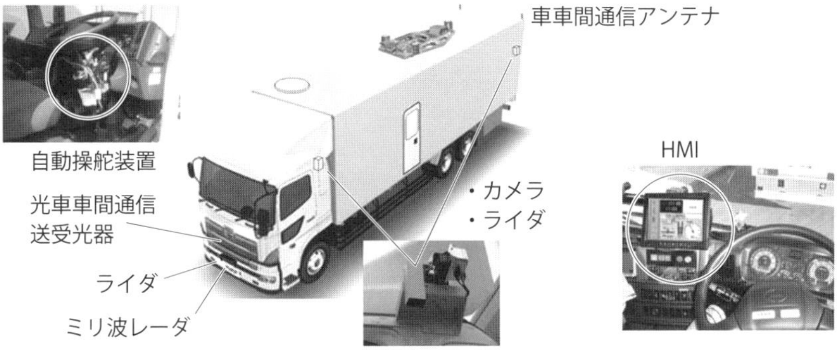

図 4-20 隊列実験車構成
(2 図ともに，新エネルギー・産業技術総合開発機構（NEDO）より書き起こし引用，編集)

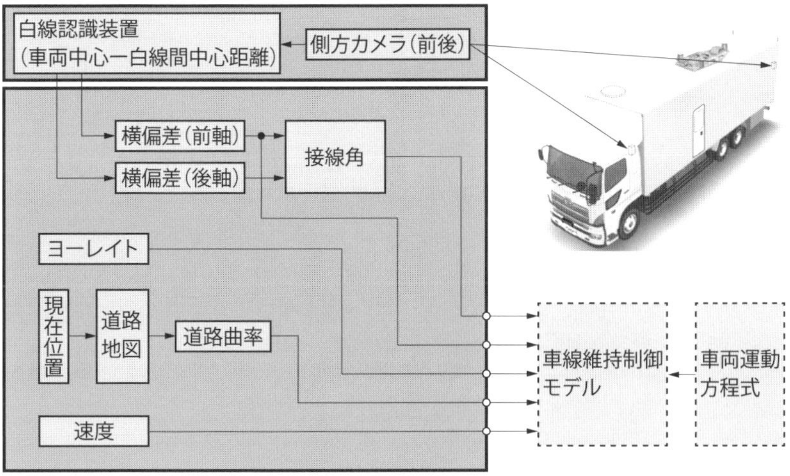

図 4-21 車線維持制御システム構成

され，制御則として２輪車両モデルを用いたモデルベース制御が用いられている．白線からの横偏差，白線と車体との接線角，ヨーレイトおよび速度により操舵制御量が算出される．なお，接線角は前輪近傍の横偏差および後輪近傍の横偏差より算出される．

つぎに，近接車間距離制御のためのシステム構成を図 4-22 に示す．制御システムは，走行位置に応じた目標速度と目標車間距離を制御対象とした制御アルゴリズムにより構成され，制御則として車両運動方程式を用いたモデルベース制御が開発された．道路勾配変化や先頭車の急減速といった外乱が発生した場合，車間距離センサの応答遅れや制御遅れなどにより，隊列内において各車両間の車間距離が周期的に変動したり，先行車へ接近しすぎて追突が発生したりする可能性があるため，高速車車間通信を利用した隊列内速度同期方式の車間距離制御アルゴリズムが開発された．前方の障害物との衝突を回避するための先頭車の目標速度は，車車間通信により後続車に送信され，隊列を形成する全車両は，先頭車の目標速度を自車の目標速度として速度制御を行う．また，隊列内での安定した車間距離制御を行うため，それぞれの車両は自車の前後の車間距離をもとに車間距離制御を行う．

上記の隊列走行システムを搭載した隊列実証実験が，全長 3.2 km のオーバルなテストコースで行われた．図 4-23 に３台隊列走行実験の様子を，図 4-24 に空積状態の実際の燃費低減効果をそれぞれ示す．

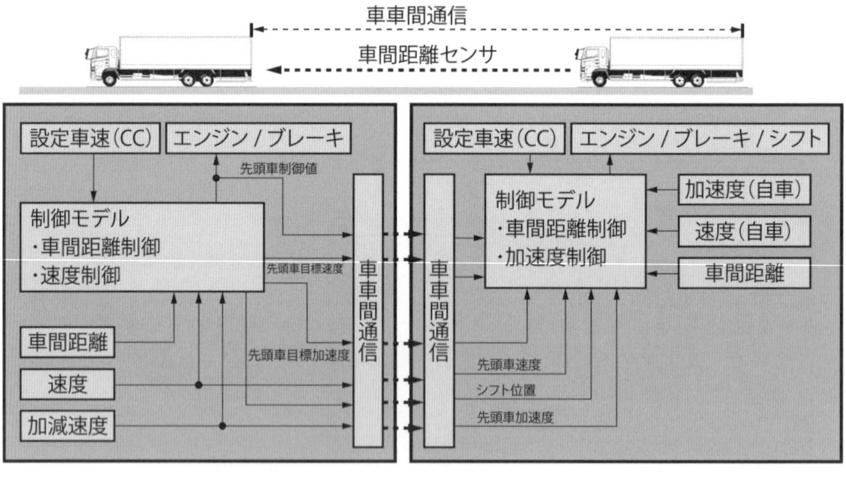

図 4-22 速度・近接車間距離制御システム構成
（2 図ともに，新エネルギー・産業技術総合開発機構（NEDO）より書き起こし引用，編集）

図 4-23　3 台隊列走行実験

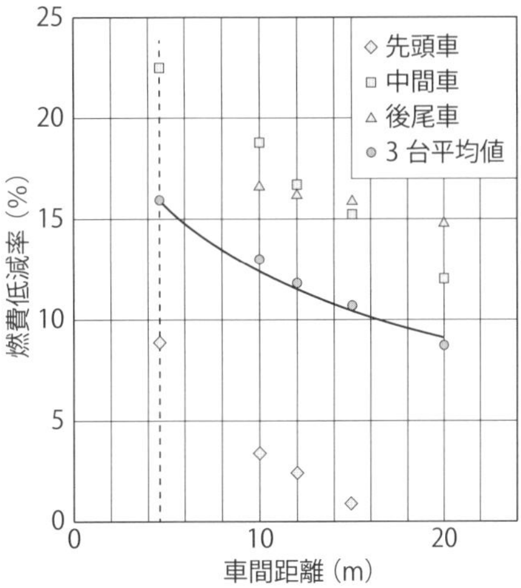

図 4-24　3 台隊列走行で空積状態の実際の燃費低減効果（新エネルギー・産業技術総合開発機構（NEDO）より書き起こし引用，編集）

4.2.4　乗用車の隊列走行

1996 年に，開通直前の上信越自動車道で AHS（Automated Highway System，自動運転道路システム）の実道実験が行われ，11 台の実験車による隊列自動走行実験（図 4-25）が実施された．実験に参加した 4 社の実験車（各 3 台～ 2 台）が 1 秒程度の車間時間の隊列で走行した．路車間通信を用いた速度指示情報により基本的な走行速度を決定，維持するとともに，車載レーダや車車間通信によって車間情報を計測し，車間制御を行った．走行速度は最大 80 km/h であった．東部 IC では，半径 7 m の自動 U ターンも実験された．

AHS は図 4-26 に示すように，道路に敷設された磁気マーカと車載の磁気マーカセ

図 4-25　AHS 隊列走行

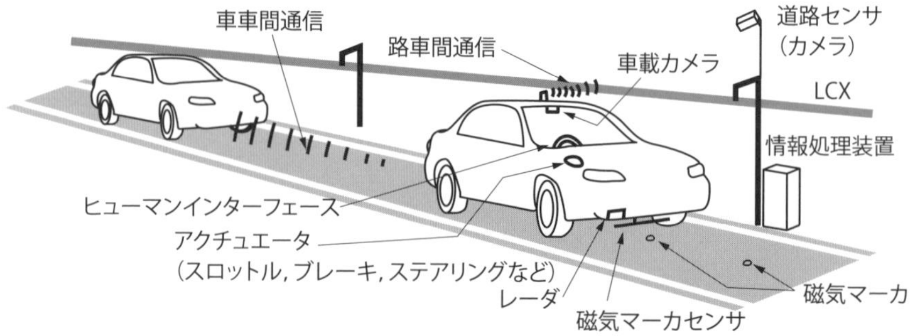

図 4-26　AHS 実験システムの構成

ンサによって横方向の制御を行うとともに，車載のセンサと路側のセンサによって，道路上の障害物や車間距離を検出して縦方向の制御を行う．道路に沿って設置された通信システムによって双方向連続路車間通信を行い，車両を制御している．車両どうしは車車間通信によって情報交換を行い，隊列制御を行っている．

路側のシステムは，事故や落下物などの情報を検知する道路センサ（カメラ），システム全体の走行管理や緊急情報の提供などを行う情報処理装置，車両との通信を行う路車間通信システム（実験では漏洩同軸ケーブル（LCX）を使用），レーンの中央位置を示す磁気マーカなどで構成されている．実験を行った道路は開通前の上信越自動車道，小諸 IC ～東部 IC 間の 5.4 km の高速道路である．半径 5000 ～ 8000 m 程度の緩やかな曲線と，直線により構成されている．道路の勾配は 0.75 ～ 3%である．LCX は連続路車間通信を行い，道路の線形，区間ごとの指示速度などを送信する．上下線を走行する実験車に対して 1 本の LCX から情報提供を行うため，上下線のデータを一度に送信している．磁気マーカは 2 m ごとに設置された．通常舗装部分では標準タイプが使用され，橋梁部では舗装の厚さが少ないため扁平タイプの磁気マーカが使用された（図 3-13 で前掲）．

11 台の自動運転実験車は，横方向の制御を行うための磁気マーカセンサや白線検出用の車載カメラを搭載している．車両前面にはレーザ光やミリ波を用いたレーダを搭載しており，前方の障害物や前車との車間距離を検出する．路車間通信により道路の線形，区間ごとの指示速度，前方道路の異常などの情報を受信する．車車間通信により，駆動トルクの制御量などを送受信して，隊列の制御性，安定性を向上させる．スロットル，ブレーキ，ステアリングのアクチュエータにより速度と操舵の制御が行われる．乗員とのインターフェース用に，情報表示機器が搭載されている．

建設省 AHS の研究開発はその後，AHS 研究組合に引き継がれた．AHS 研究組合は，技術が

• AHS-i = information（情報支援）
• AHS-c = control（制御支援）
• AHS-a = automation（自動運転）

という順に発展していくシナリオを描いた．最終目標を AHS-a（自動運転）においてそれを視野に入れた技術を開発して，AHS-i（情報支援）に応用して早期実用化を図るという考え方であり，その後に世界の主流となった．その考え方の一例が，3.2.3 項に示したようなインフラセンサの開発，路側からの障害物情報提供，ブラインドカーブにおける追突事故を防止するシステムへの適用という流れであった．

4.3 バスの自動運転

4.3.1 専用軌道バスの自動運転（IMTS）

自動運転システムを公共交通に利用した事例として，トヨタ自動車にて開発された IMTS がある．IMTS は Intelligent Multimode Transit System の略で，専用軌道では自動運転隊列走行，一般道では手動運転単独走行という 2 種類の運転モードをもつ自動運転バスシステムである．図 4-27 に専用軌道上の走行イメージを示す．

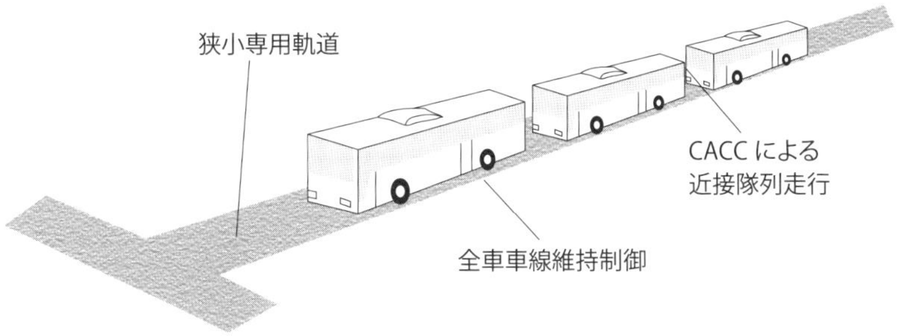

図 4-27 専用軌道上の IMTS 走行イメージ

IMTS は，2005 年に愛知県で開催された万国博覧会「愛・地球博」の会場内輸送システムとして実用化された．図 4-28 に実際に運転された IMTS の走行と車内状態を，また，図 4-29 に IMTS 自動運転バスのシステム構成を，それぞれ示す．IMTS では，走行軌道中央に 2 m 間隔で埋設された磁気マーカ列に沿って車両が自動走行する．分岐を行う必要がない場合，磁気マーカは N または S 極の同一極で配列されるが，分岐を行う必要がある場合，分岐手前では N 極磁石と S 極磁石が交互に配置されており，車両側走行制御コンピュータに検出すべき磁気マーカの極性を指示する

図 4-28 「愛・地球博」用 IMTS の走行

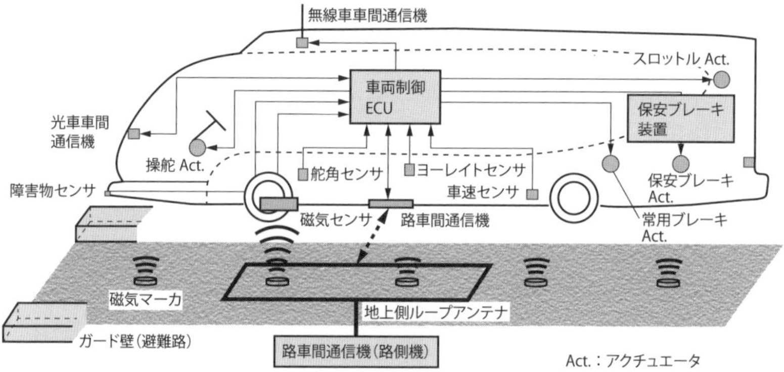

（a） システム構成

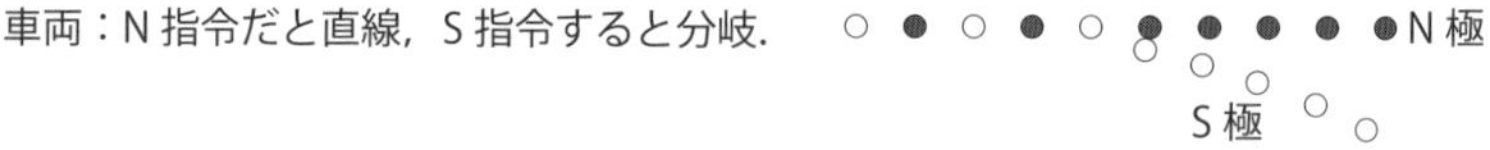

（b） 磁気マーカ

図 4-29 「愛・地球博」用 IMTS システム構成

ことにより，分岐点での分岐方向が決定されるよう設計されている．

専用軌道上では 3 台のバスはすべて完全自動運転され，先頭車には前方の安全を確認するため乗務員が乗車しているが，後続車は無人化されている．完全自動運転を行うため，車両制御コンピュータには駅間の速度テーブルが記憶されており，この速度テーブルに従って速度，加減速度が自動制御されている．隊列内の各車両の間隔を一定に保持するため，各車両には車車間通信装置が搭載されており，先頭車の速度情報などが後続車に送信されている．

また，先行する隊列との衝突を防止するため，専用軌道側には一定区間ごとの閉塞制御システムが設置されている．閉塞制御システムは，専用軌道側に設置されたループアンテナおよび路車間通信機と，車両側に設置されたアンテナと通信機から構成されている．地上側ループアンテナ内に車両が在線すると，地上側装置が一つ手前に設置されたループアンテナに停止信号を送信し，後続の隊列が後方ループアンテナで自動停止するよう設計されており，この閉塞制御システムにより隊列間の衝突が防止される．

4.3.2 プレシジョンドッキング

プレシジョンドッキングとは，バスを停留所に正確に停車させて車椅子やベビーカーでの乗降を容易にするシステムで，1980 年代から路線バスの自動運転システムの一環として研究が行われている．

最初期の自動運転システムでは，横方向制御に路面に埋設した誘導ケーブルが用いられたが，その短所は，誘導ケーブルの工事，運用，保守に費用がかさむことであった．これが公道で用いられた最初期の数少ない例として，1980 年代のハルムスタッド（スウェーデン）[13]やフェルト（ドイツ）（図 4-30）の路線バスのプレシジョンドッキングがある．

図 4-30　1985 年にドイツで試用されたプレシジョンドッキング（Mercedes-Benz Classic）

21 世紀になってカリフォルニア PATH は，乗用車の自動運転で試用した路面に埋設した磁気マーカ列を用いて，路車協調方式の路線バスの自動運転の研究を行っている．図 4-31 に，試験路での自動運転バスとプレシジョンドッキングの様子を示す．このプレシジョンドッキングは，カリフォルニア州やオレゴン州の公道で試用された．路線バスは定められた経路を走行するため，乗用車やトラックとは異なって走行場所と走行距離が限定されており，路車協調方式の自動運転でも路側設備が膨大になることはなく，合理的である．

（a）バスと磁気マーカ列（走路中央）

（b）プレシジョンドッキング
上半分がプラットフォーム，下半分がバスのステップ

図 4-31　カリフォルニア PATH の自動運転バス（2001 年撮影）

4.4 小型低速車両による公共交通機関

第 2 章で紹介したように，ヨーロッパ，とくにフランスでは国立情報学自動制御研究所（INRIA）を中心に，小型低速車両の自動運転による公共交通機関の提案や実験が 1990 年代から行われている．その目的は，都市内における環境汚染，渋滞，事故といった自動車交通問題を利便性の高い公共交通の導入によって解決し，大量公共交通が対応できないファースト / ラスト 1 マイルの移動手段を提供することにある．したがって，運用される場所は，市街地，広大なイベント会場や歩行者専用広場，商店街，住宅地，大学町などである．環境負荷を考えて，これらの小型車両は電気自動車であることが多い．

このような従来の道路交通や軌道交通とは異なる新しい概念は，1970 年代に提案された新交通システムまで遡ることができる[14]．世界初の自動運転の公共交通機関は，1975 年にアメリカ合衆国ウエストバージニア州の大学町であるモーガンタウンに導入された Morgantown PRT（Personal Rapid Transit）であるが，これはガイドウェイ方式であった．我が国でも 1970 年代に CVS（Computer-controlled Vehicle System）という小型車両の自動運転システムの実験が行われたが，これもガイドウェイ方式であった．ちなみに，CVS のもつ軌道交通という欠点をなくすべく開発されたのが，2.2 節で紹介した道路交通の PVS（Personal Vehicle System）

である．近年，このような公共交通用小型低速車両が，フランスのNavyaやEasyMileなどから相次いで商品化されている．

4.4.1　小型電気自動車によるカーシェアリング車両の回収

このシステムは，1990年代前半にINRIAで研究されたもので，利用者が運転するときに自動運転を行うのではなく，利用者がカーシェアリングの利用を終わって乗り捨てた車両を回収する際に隊列を形成して，一人のドライバが数台の車両を利用度の高いステーションに移動させる点に特徴がある．図4-32は，2台の車両を回収している場面で，後続車は先行車に追従して走行する．その仕組みは，先行車の後部に設置された光デバイスを後続車で検出して追従することによっている．

図4-32　カーシェアリング用電気自動車の自動回収（1994年撮影）

図4-33　博覧会で用いられた小型低速車両による自動運転システム（Michel Parent博士提供，INRIA，1995年）

4.4.2　博覧会での小型低速車両の自動運転

オランダのアムステルダムの近郊で1990年代半ばに開催された花博で，図4-33に示すような自動化された小型低速車両が来訪者の輸送に用いられた．花で覆われた丘の麓から頂上までジグザグの道を上り下りした．自動運転の方式は，図2-11に示したParkShuttleと同様に，自律方式と，道路に大きな間隔で埋設したトランスポンダを利用した路車協調方式を併用している．

4.4.3　CityMobil，CityMobil2，EasyMile社EZ10

CityMobil[15]（2006～2011年）とCityMobil2[14]（2012～2016年）は，いずれもEUのプロジェクトで，その目的は，新たな都市内移動手段であるARTS（Automated Road Transport Systems，自動道路交通運輸システム）の提供にあった．

CityMobil では，ローマ（イタリア）での CyberCar（小型低速の自動運転車両），カステリョン（スペイン）での BRT（Bus Rapid Transit，バス高速輸送システム），ヒースロー空港（イギリス）での PRT（ガイドウェイ利用）の 3 システムが設置され，その他にイギリス，ノルウェー，フィンランド，フランス，イタリアの計 5 都市でデモが行われた．

CityMobil2 では，ラ･ロシェル（フランス），サンセバスチャン（スペイン），ローザンヌ（スイス），トリカラ（ギリシャ）など，6 カ国の 7 都市でデモが行われた．用いられた車両は，図 4-34 に示すような定員が 10 人（座席 6，立ち席 4）の走行速度 8 km/h の電気自動車である．車両のセンサは，自車位置測定のための GPS や障害物検出のためのライダとカメラである．自動運転が許されている場所では完全自動運転で走行し，そうでない所では運転者が操縦した．デモを行った路線長は，0.9 km ないし 2.4 km である．ラ・ロシェルのデモでは，デモ期間 2014 年 12 月 17 日から 2015 年 4 月 25 日，路線長 1.9 km，停留所数 4，運行車両台数 6 で，総利用者数は 14660 人，のべ走行距離は 3778 km であった．ARTS 利用者 1500 名以上に対するインタビューによれば，都市によってばらつきがあるものの，総じて快適性と安全性に関してこのシステムが高く評価されている．

図 4-34　CityMobil2 ラ・ロシェルの自動運転車
（Robosoft 製）（Jpbazard 氏，文献[16]より）

この CityMobil2 のサンセバスチャンのデモに参加したフランス EasyMile は，EZ10 という 12 人乗りの小型無人運転バスを商品化した（図 4-35）．ヨーロッパでは公道での走行が承認され，一般車や歩行者と混在する走行環境にて実証実験が行われている．一方，我が国ではこの無人運転バスでの一般車混在での公道走行はまだ承認されておらず，現在，施設内や一般車が進入できないように閉鎖された公道での実証実験が行われている．

EZ10 にはライダ，GPS が搭載され，自己位置を検出しながら 3D マップを駆使し

図 4-35　EZ10（EasyMile 製）の外観

て，定められたルートに沿って走行することが可能である．また，ライダおよびカメラを用いて障害物検出を行い，障害物回避制御を行うことが可能である．図 4-35 に示すように，EZ10 にはハンドルやブレーキペダル，アクセルペダルは装着されておらず，完全無人運転車の構造となっている．また，EZ10 は 4 輪操舵型の EV であるため，電車と同様に前後進の走行が可能である．

4.4.4　道の駅を拠点とした自動運転サービス実証

日本において，「道の駅を拠点とした自動運転サービス実証」の実証実験が全国 13 箇所の道の駅を拠点として進められている．実証実験車として，小型バス「日野リエッセ」や EasyMile の「EZ10」，乗用車タイプの自動運転車が使用されている．図 4-36 に，滋賀県東近江市にある道の駅「奥永源寺渓流の里」での実証実験で使用された自動運転バスの外観を示す．このサービスでは，GPS 信号が受信できない場合でも自車位置が検出できるよう，道路中央に磁気マーカが埋設されているとともに，車両側には磁気マーカと車両との横偏差を検出するための磁気センサが床下に取り付けられてい

（a）　車両外観　　（b）　前部拡大

図 4-36　自動運転バスの外観

図 4-37　レベル 4 自動運転実験

る．また，前方障害物を検出するため，カメラの他にライダが 4 個，ミリ波レーダが 1 個，フロント部に取り付けられている．図 4-37 に，ドライバが乗車しないで走行するレベル 4 自動運転の走行実験の様子を示す．

4.5 道路作業車

乗用車やバス・トラックと異なり注目されにくいが，特殊な環境における作業車の自動運転に対してニーズがあり，1990 年代から研究開発が進んでいる．

4.5.1 除雪車

自動運転の目的の一つは，ドライバには困難な，あるいは不可能な状況における運転にある．降雪時や積雪時に稼働する除雪車は，道路がよく見えない状況で車線に沿って除雪する必要があり，自動運転や運転支援が必要とされる．ここでは，アメリカと日本で開発された除雪車の自動運転について，厳密には運転支援を含めて紹介しよう．

（1）アメリカの除雪車

アメリカでは 1998 年に AHS プロジェクトを中止し，代わって運転支援システムを目的とした IVI（Intelligent Vehicles Initiative）プロジェクトを開始した．アメリカの除雪車は IVI のもとで，カリフォルニア PATH とミネソタ州で開発されている．

カリフォルニア PATH では，路面に埋設した磁気マーカ列を用いて，ドライバに除雪車前方の道路線形と除雪車の予定位置を表示して運転支援を行う．道路線形は，磁気マーカの S 極，N 極の組み合わせで表現し，除雪車の予定位置は，磁気マーカで測定した現在の除雪車のレーン内の位置および方位，車両の現在の舵角，車両の動特性から求めている．図 4-38 は，そのためのシミュレータで，ディスプレイにレーンと車両の予定軌道が示されている．カリフォルニア州には，砂漠から寒冷地までほ

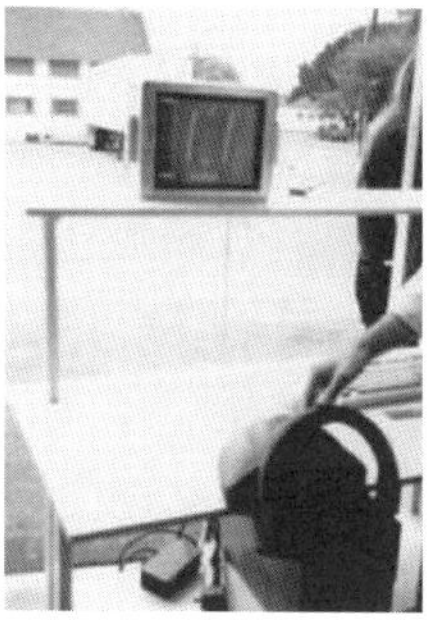

図 4-38 カリフォルニア PATH の除雪車のドライビングシミュレータ（1999 年撮影）

図 4-39 生成された仮想レーンとその背景の実道路シーン（2002 年撮影）

とんどの種類の気候帯があるが，この除雪車の実験は寒冷気候のタホ湖の近くで冬期に行われている．

ミネソタ州の除雪車は，カリフォルニア PATH の除雪車が路車協調方式であるのに対し，自律方式である．すなわち，GPS を用いて精密に測定した自車位置と地図データベースから車両前方のレーンを仮想的に生成し，前方道路シーンを背景にハーフミラーに投影して，ドライバにレーンの位置を示している．ミネソタ州は，都市部を除けば高層建築がなく土地が平らで，随所にある給水塔に GPS の基地局を設置すれば，RTK-GPS によって精密に自車位置の測定が可能である．ミネソタ州のこの方式は，除雪車に限らず，狭い路側帯をバス専用レーンに使ったときに，バスドライバの運転支援にも使用可能とされている．図 4-39 は，バスの運転席のハーフミラーに投影された仮想レーンマーカと背景の道路シーンを示す．

（2）我が国の除雪車

我が国の除雪車のルールでは，ドライバと除雪した雪を路側に排雪する方向を決めるオペレータの 2 名が乗車する必要があり，これをオペレータ 1 名乗車で済ませるために，除雪車の自動運転を目指すことになった．2000 年頃，国土交通省の関連機関でオペレータ 1 人乗車の除雪車が試作された．自動運転時の横方向制御方式は，ミネソタ州と同じ GPS を用いる方式と，路面に埋設したトランスポンダを利用する路車協調方式の 2 方式が用いられた．路面に埋設したトランスポンダは，受信した交流波を全波整流して倍の周波数を送信するもので，外部から電源を供給する必要がない．図 4-40 は除雪シーン，図 4-41 は除雪車の底部に装着された横方向制御のための送受信機を示す．

図 4-40　除雪風景（排雪ノズルの方向を制御する必要がある）（2002 年撮影）

図 4-41　除雪車底部の 3 台の送受信機（2002 年撮影）

4.5.2　トンネル作業車

トンネル内に設置された照明器を走行しながら清掃する照明器清掃作業車において，ハンドルを自動制御するシステムが NEXCO 中日本によって実用化されている．これは，照明器清掃作業車に搭載されたキャビテーション装置を用いて，霧状の水滴を照明器表面に噴射し清掃作業を行うもので，図 4-42 に清掃のイメージ，図 4-43 に清掃中の様子を示す．清掃効率を高めるには，照明器と噴霧ノズルヘッドの間隔を高

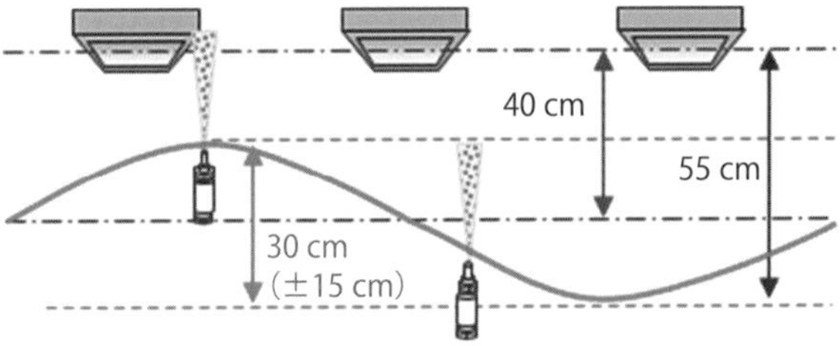

図 4-42　噴射ノズルと照明器の間隔維持[17]

（a）　全体　　（b）　清掃部

図 4-43　キャビテーションによる照明器清掃作業

精度に維持する必要があるために，ハンドル制御システムにより道路区画白線と車両との偏差がつねに一定に維持される．

図 4-44 に，システムの全体構成と制御システムを搭載した照明器清掃作業車の外観を示す．白線を検出するカメラが車両の左右および前後の 4 箇所に装着されており，車両の左右の白線と車両間の偏差が検出されるとともに，走行制御コンピュータにてハンドルが制御される．

図 4-45 にハンドル制御システム構成を示す．ハンドル制御システムは，カメラおよび画像認識装置，GPS 受信機，走行制御コンピュータ，タイヤ角度を操舵する操舵モータなどから構成され，画像認識装置にて検出された白線と車両との偏差が一定

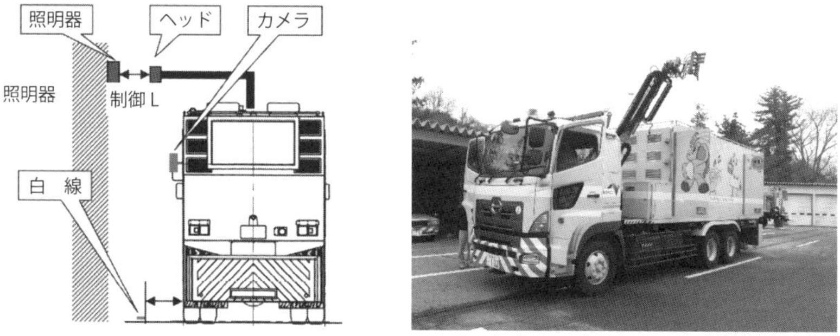

（a）　全体構成　　　　（b）　照明器清掃作業車

図 4-44　システムの全体構成と制御システムを搭載した照明器清掃作業車の外観

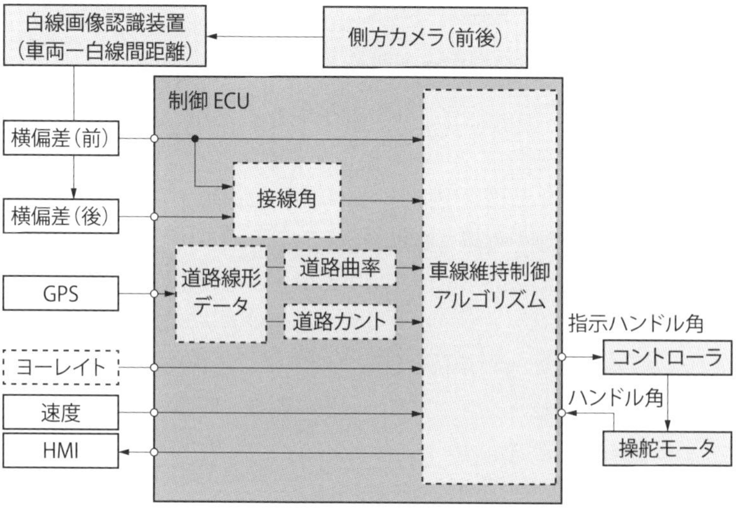

図 4-45　照明器清掃作業車のハンドル制御システム構成

になるよう走行制御コンピュータにてタイヤ操舵角度が算出される．曲線部の制御性能を向上するため，道路線形情報と速度情報を用いたフィードバック制御が採用されており，道路線形情報は，あらかじめコンピュータ内に記憶された位置－道路線形テーブルとGPSを用いて決定される．

4.6 快適・利便性の向上の事例

4.6.1 自動駐車

駐車支援システムとして，発進停止と速度制御はドライバが行うが，ハンドル制御はシステムが行うものがすでに実用化されている．さらに，発進停止や速度制御も含めて自動的に駐車を行うシステムも実用化が始まっている．図4-46は，自動駐車の動作の例である．駐車スペース付近に来ると車がスペースを探す．ドライバが確認すると自動で駐車する．ドライバは，駐車の状態を車内あるいは車外から監視していて，何か異常があった場合には車を停止させる．

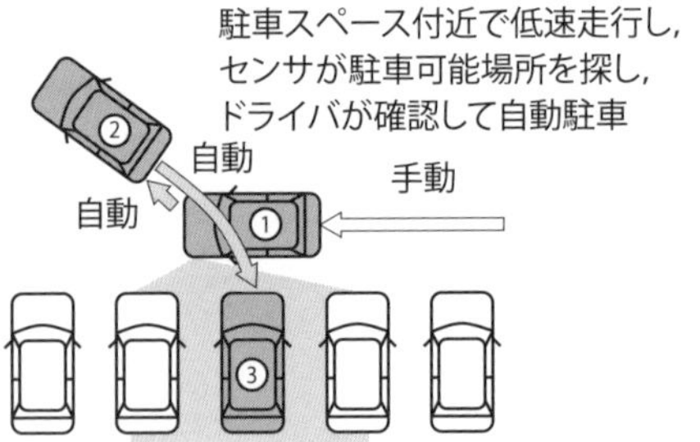

図4-46　自動駐車の動作例

自動駐車には，ドライバが車の中にいて駐車するタイプ，ドライバが外からスマートフォンなどを通じて駐車位置や走行・停止などを指示する外部制御タイプがある．駐車の仕方として，道路脇に沿って道路と同じ方向に向けて駐車する縦列駐車と，白線などで区切られた駐車枠や車庫に駐車する車庫入れ駐車の2種類がある．

自動駐車を行うためには，駐車可能な場所と障害物を探す機能，縦横方向の自動制御機能，ドライバとのインターフェース機能が必要である．装置は，カメラや，超音波を送出しその反射から物体の存在や距離を測定する超音波センサなどが使われる．ただし，駐車は低速で行われるので，検出は短い距離の範囲で十分である．

4.6.2 自動バレー駐車

自動バレー駐車は，自動運転と自動駐車を組み合わせたシステムである．降車後に車両の外から通信端末を用いて自動バレー駐車システムを起動すると，自動運転開始位置から離れた場所にある駐車場まで無人運転により自動走行し，あらかじめ決められた位置に自動駐車する（図 4-47（a））．乗車するときは，駐車場所から再度無人運転により自動回送されるシステムである．自動バレー駐車システムは本書第 2 版の執筆時点において実用化されていないが，開発が急ピッチで進められており，国際標準化も開始されている．早期に実現される見通しであり，実用化に向けて以下の機能が必要となる．

- 通信端末によるエンジンの自動起動機能
- ドライバ降車位置と駐車場間の自動車線維持機能
- 駐車位置の検出機能
- 自動駐車機能

この中で，通信端末によるエンジンの自動起動機能は，スマートフォンを用いたエンジン自動スタートシステムがすでに実用化されている．同様に，カメラ画像を用いた自動駐車機能も，実用レベルになっている．したがって，自動バレー駐車システムは，ドライバ降車位置と駐車場間の自動走行を行う自動車線維持機能と駐車位置検出機能を実現すれば可能となる．

自動バレー駐車では，駐車場は屋外だけでなく地下も対象になり，GPS が使用できない場合も想定した車線維持システムが必要である．駐車場内での駐車場所の検出法には，地上設備と車載システムとの協調による検出法が考えられる．たとえば，駐

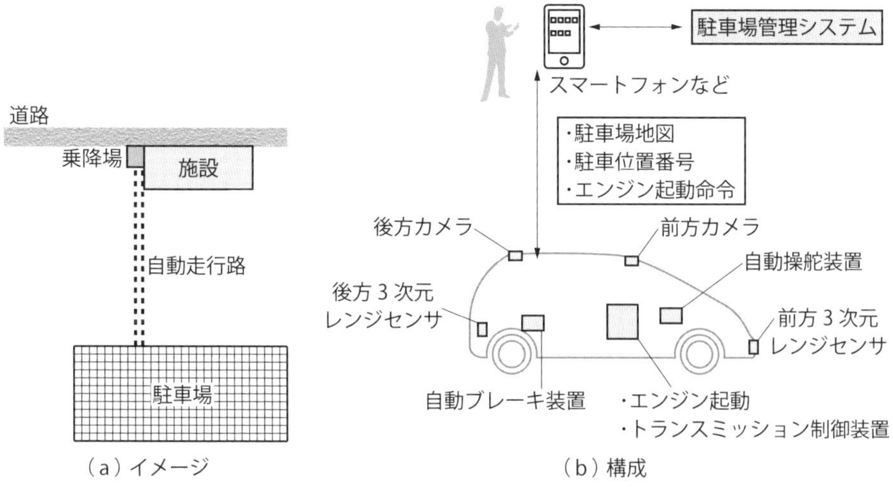

図 4-47　自動バレー駐車システム

車場内に設置された駐車位置番号を車載カメラで認識する方法や，DSRC などの無線で知らせる方法,車載カメラにより駐車可能な駐車空間を検出する方法などがある.

図 4-47（b）に，地下駐車場への自動バレー駐車を想定した場合の，システムの構成事例を示す．ドライバ降車・乗車場所から駐車場までの自動走行路および駐車場内には，走行レーンマーカとして白線が敷設されており，自動運転車は白線に沿って自動操舵される．走行レーン内の停止車両や歩行者を検出するため，レーダなどの 3 次元レンジセンサが搭載されており，障害物がある場合は自動停車する．車載カメラにより設定された駐車番号を検出すると，車両は自動停車し，車両後部に設置されたカメラと近接障害物センサを用いる後退走行に切り替わり，白線にて示された駐車空間内に自動駐車を行う.

4.6.3 渋滞自動走行

渋滞自動走行システムは，停止から時速約 30 km 程度までの低速の速度範囲において先行する車両を自動追尾するシステムである．基本的に ACC と車線維持制御技術を組み合わせたシステムで，実用化が始まっている.

渋滞自動システムにおける車線維持制御を実現するためには，単独走行を前提とした既存の車線維持支援システムを改良する必要がある．車線維持支援システムでは，ルームミラー近傍に装着されたカメラからの前方視野画像より画像処理にて白線を認識するとともに，画像上の車両の左右の白線の交差点（消失点）位置より車両と白線の偏差を求めて操舵制御を行っている．この消失点を正確に求めるためには一定以上の白線線分長さが必要である．しかし，渋滞時は車間距離が短く，先行車により白線が隠れてしまうため，消失点を正確に検出することができない場合が発生する．とくに，近距離前方に大型車両が存在する場合，白線のほとんどが車両に隠れてしまう．この結果，白線と車両の偏差を正確に求めることが困難となる．したがって，渋滞自動走行システムでは白線検出カメラの視野角を大きくとるなどの工夫が必要である．図 4-48 に，車両が近接した場合と遠方の場合の白線認識例を示す.

一方，先行車を追尾するための速度制御は，すでに実用化されている ACC の利用が可能であり，先行車が停止状態から移動すると，あらかじめ決められた速度と車間距離の関係に基づいて，安全な車間距離を維持しながら自動加速される．また，先行車が減速，停止すると，自動運転車も速度と車間距離の関係に基づいて減速するとともに，車間距離を詰めて停止する.

（a）　前方車両遠方時

（b）　前方車両近接時

図 4-48　車両近接時・遠方時の白線認識例

コラム　自動車制御技術のキープレーヤーの変化

自動運転の発展で，自動車制御技術のキープレーヤーが大きく変化する可能性がある．自動車の主要機能は「走る，曲がる，止まる」である．その制御技術はエンジン，ブレーキ，ステアリングなどの機械部品を熟知している専門技術者によって主に開発されてきた．従来の自動車の制御システムは，機械部品の構成や構造によって制御の応答性や安定性などの制御パラメータ大きく左右されるため，対象部品に関する専門知識が重要であった．一方，自動運転の制御システムは，基本的にセンサ，プロセッサ，アクチュエータによって構成され，制御パラメータは制御ソフトによって自在に変更できる．

このような違いがあるため，どのような場面で自動車をどのように走らせるのか，制御によって何を実現したいのかを明確にして，それを実現する制御手法を作ることが重要になる．このため，エンジン，動力伝達機構，ブレーキ，ステアリングなどの機械機構に関する専門技術から，制御手法に関する技術に重点が移ると考えられる．もちろん，自動車は膨大なハードウェアの集合でありハードウェアに関する技術も重要であるが，制御などのソフトウェアに関する技術の重要性が飛躍的に増大する．自動運転の進展に伴って IT 産業などが自動車分野に積極的に参入している要因が上述のような技術領域の変化に起因していることは明らかである．電気自動車やハイブリッド自動車などの電動化が盛んに進められており，駆動・制動を制御しやすい自動車が増えてきていることも制御技術の変化に拍車をかけている．「走る，止まる」だけでなく，「曲がる」機能や「上下の動き」や「車の傾き」など含めて，自動車の挙動全体を自由に制御できる制御性のよい自動車も研究開発されている．

スタンフォード大学は，Modular Vehicle という自動車を作って自動運転制御の研究開発を行っている．基本的な構造のシャシーに，ステアリングや足回りのモジュールをさまざまな形式のものに簡単に取り替えることができ，各モジュールはバイ・ワイヤで電子的に自由に制御できるようになっている[18]．自動車の挙動は 6 軸（前後左右上

下の xyz 軸の動きと各軸を中心とする回転の合計六つの動き）の自由度をもつ（図 3-3 参照）．自動車会社の制御技術者は，6 軸の制御ができる可変制御車両の試み[19]を行ってきたが（図 4-49），その成果と最新の自動運転技術と組み合わせて共同研究しているものである．これにより，運動性能のよい制御手法やさまざまな場面に適した制御システムを開発している．このように，従来の自動車部品の専門技術がなくても，自動車を自由に制御できるような動きが進んでいる．

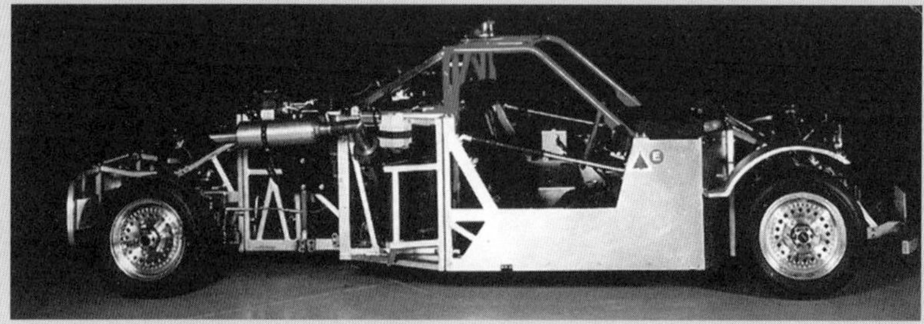

図 4-49 スタンフォード大学研究車両のもとになった日産の 6 軸制御車両 IVS[19]

第 5 章 自動運転の課題

運転支援を含めて自動運転は実用化の時期を迎えようとしている．自動駐車や渋滞時の先行車自動追従などの自動化レベル 2 のドライバ監視自動運転は，実用化が始まりつつある．これらは，ドライバがつねに周囲の環境やシステムの動作状態を監視していて，何かあったらただちにドライバがバックアップを行うものであり，技術的課題や運転責任などの非技術的課題のいずれも現状の延長で考えられるところが多い．しかし，自動化レベル 3 以上のシステムを実現するためには多くの課題があると考えられている．ここでは，それらの課題を技術的課題，ヒューマンファクタの課題，非技術的課題としてまとめて説明する．

5.1 アーキテクチャの課題

運転支援システムは全運転タスクの一部を担うものであるため，個々の制御システムの規模は比較的小さいものであるのに対して，自動運転システムはドライバに代わり全運転タスクのほとんどを担う必要がある．ローカルダイナミックマップや目標走行軌跡生成，環境理解や危険判断を含む AI など，運転支援システムにはあまり必要なかった高度な情報処理機能が求められるとともに，横方向と縦方向の制御が絡み合う非常に複雑なシステムである．すべての情報を一つのソフトウェアに入力して処理する集中制御方式で構築した場合，システム変更に対する自由度や，システムの安全性・信頼性の検証が非常に複雑になり，バグ発生の要因になりうる．したがって，自動運転システムを構成する場合，分散型制御方式が好ましいといえる．

自動運転には，認知，判断，操作の機能が必要になるため，自動運転のシステムアーキテクチャもこの機能を実現するモジュールが必要となる．その例を図 5-1 に示す．図中のアーキテクチャでは，6 個の車載モジュールと車外データで構成されている．走行環境・障害物認識モジュールでは，カメラやライダを用いて車両周辺の障害物が認識される．地図モジュールは，道路地図とローカルダイナミックマップから構成され，GPS および障害物情報より，現在の道路線形情報に加え車両周辺の障害物情報や道路空間情報，目標軌跡などを出力する．AI モジュールは，ローカルダイナ

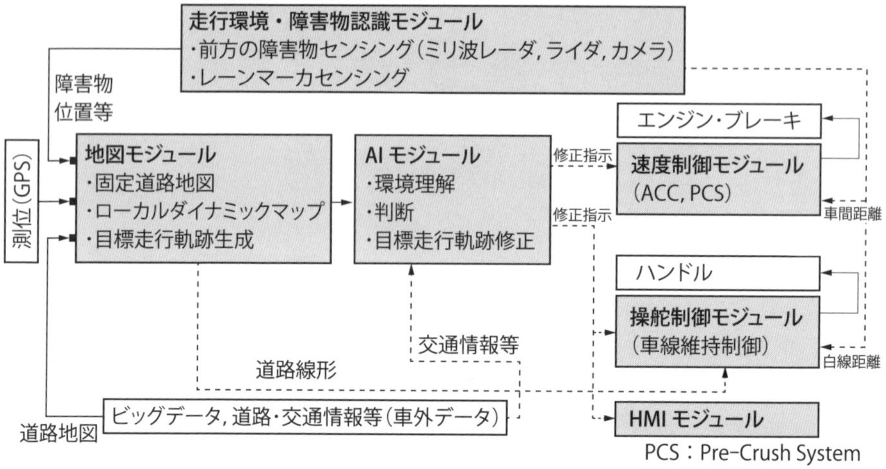

図5-1　自動運転のシステムアーキテクチャ

ミックマップからの障害物情報をもとに周辺の走行環境理解や危険予知を行う. また, 出力モジュールとして縦方向（速度制御）と横方向（操舵制御）それぞれ独立したモジュールをもっている. 上位の指示なしに単独で最小限の安全機能をもっており, 上位からの指示に基づいて補正されることにより, 信頼性や安全性の確保が図られる構成となっている. HMIモジュールは主に2種類の機能から構成されている. 1番目は手動モードと自動運転モードの切り替え操作のための機能で, 2番目がシステムの動作状態をドライバに知らせる機能である. とくにシステムの動作状態を知らせる場合, システムの正常時と故障時の表示法は大きく変える必要がある.

5.2 技術的課題

技術的課題を, センシング関係とシステム（信頼性など）に分けて述べる.

5.2.1 センシングの技術課題

(1) 検出性能の向上

自動運転システムはドライバの代わりに走行環境認識を行い, 危険判断と行動を決定するものである. 環境認識のためのセンシングには, ドライバの運転支援を行う運転支援システムに比較し, 高度な検出機能と高い信頼性が求められる.

具体的には, 降雨等の悪天候時や夜間, 西日などを含むあらゆる使用環境条件下で, 自車の近傍から前方の遠距離に存在する歩行者や停止車両の障害物を正確に認識するとともに, 自車から障害物までの距離を検出することが不可欠である. また, 電柱や

表 5-1　センシング技術要求機能・性能

用途	検出対象物	要求機能	使用環境	要求性能					
				距離		水平方位		垂直方位	
				範囲（m）	精度	検出角度	分解能	検出角度	分解能
遠距離	• 自動車 • 自動 2 輪 • ガードレール • ガード壁	• 移動物体と道路構造物の分離 • 移動物体抽出と移動速度・方位の検出	• 全天候（雨天を含む） • 24 時間（薄暮，夜間） • 日照（西日を含む）	60 ～ 120（単路）	2%	±10°（300R 曲線対応）	0.1°	±6°（道路勾配：6°）	0.1°
近・中距離	• 落下物 • 自動 2 輪 • 自動車 • 自転車 • 歩行者 • ガードレール • 電柱 • 走行空間	• 移動物体と道路構造物の分離 • 移動物体抽出と移動速度，方位の検出 • 歩行者とその横速度の検出 • 走行空間認識		10 ～ 60（交差単路*）	2%	±30°	0.3°	±20°	0.5°
				2 ～ 10（交差点）	2%	±60°（停止時の横断歩道歩行者）	0.45°	±30°	0.5°

＊交差単路とは，信号機のない交差点の交差側道路のことを指す．

ガードレールなどとの誤検出を防ぐため，歩行者や自転車，車両（普通乗用車，軽自動車，貨物車，自動二輪車）等の動的障害物とガードレールやガード壁，電柱などの道路構造物を識別する必要がある．表 5-1 に，自動運転のためのセンシング技術に求められる機能・性能を示す．

現在，走行環境認識センサとして，ミリ波レーダやライダ，可視カメラや赤外線（暗視）カメラおよびステレオビジョン技術などが製品化されている．しかし，3 次元での分解能や環境変動耐性に問題があり，上記機能や性能を満たす車載用センシング技術は十分でないため，今後，小型・低価格な 3 次元センサが求められる．

また，障害物認識に加え，道路白線の認識においても課題がある．道路白線認識も障害物認識と同様，さまざまな自然環境において正確な認識が求められる．しかし，カメラ画像を用いた既存の白線画像認識技術では，路側構造物の影が発生する晴天時や夜間の降雨時，西日などの逆光時などの自然環境に加えて，トンネルの出入り口付近など照度が急変する区間などで，取得された画像中の白線画像が劣化し，白線認識性能や偏差検出精度が大幅に低下することが想定される．このため，カメラ画像に代わる新しい全天候型の白線認識技術が求められる．

（2）物体認識性能の向上（ローカルダイナミックマップ）

車両周辺に存在する物体の認識性能の向上も，自動運転における課題である．図5-2に示す非常に複雑なシーンにおいて自動運転を行うには，交通信号や道路標識，電柱，ガードレール等の構造物と道路および道路上の自動車や歩行者，自転車などを識別するとともに，道路上の物体がどの方向に移動しているかを認識することが求められている．

現状，画像センサやミリ波レーダ，ライダなどのセンサ単独で複雑な環境認識する

図5-2　走行環境シーン[1]

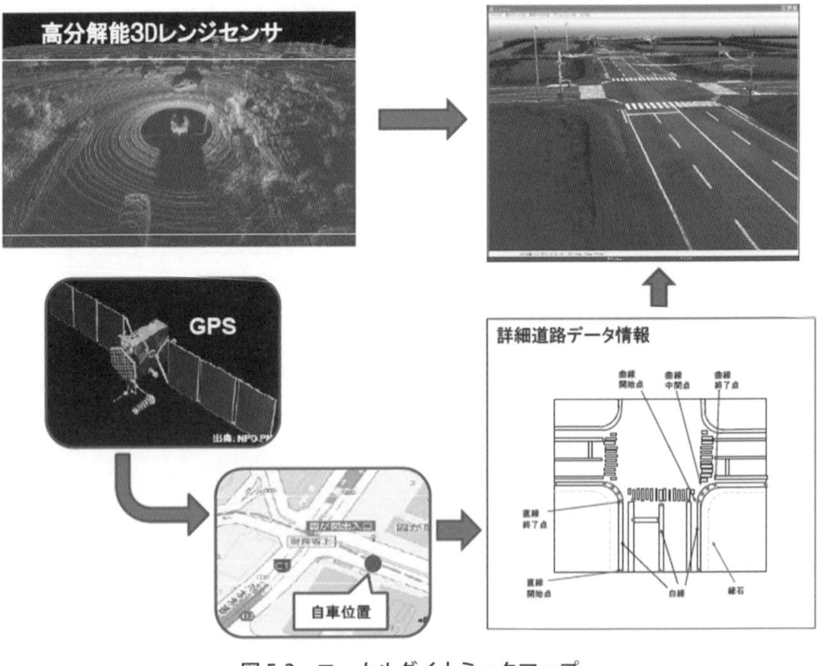

図5-3　ローカルダイナミックマップ

ことは困難なため，これらのセンサを複数用いて認識性能を向上するセンサフュージョン技術が開発されている（3.2.2 項（3））．しかし，センシングのみでこれらを完全に識別することはきわめて困難である．そこで，センシングに加えて，高度化された道路地図を組み合わせた「ローカルダイナミックマップ」とよばれるフュージョン技術により，この問題を解決する方向で開発が進められている．このローカルダイナミックマップの概念を，図 5-3 に示す．左下の GPS より電柱や信号機などの道路構造物情報をもつ詳細道路データが算出されるとともに，左上の車載 3 次元レンジセンサより 3 次元距離が検出される．このセンサからの 3 次元距離データと道路地図がリアルタイムに合成され，レンジセンサにて検出された物体が，道路構造物なのか，道路上の物体なのかが正確に識別される．

（3）歩行者などの動きの検出

自動運転では，検出された道路上の物体がどの方向に移動しているかを検出することも，衝突事故を回避するうえで非常に重要となる．

画像認識で物体の移動ベクトルを検出する方法として，画像全体を小さなブロックに分割して，オプティカルフローとよばれる画像処理によりブロックがどの方向に動いているかを検出する．しかし，精度が比較的悪いため，3 次元レンジセンサを用いて同一の距離群を一つの物体としてクラスタリングを行い，このクラスタリングされた部位を時間的に追跡することにより，移動方向を検出する方向が開発されている[2]．

3.8 節に示したように，AI 技術により画像情報から物体区別や状態認識能力が向上している．これを用いて，道路上の物体の動きを検知・予測する機能の向上が図られている．

（4）小さな物体の検出

自動駐車を行う場合，路上の小さな障害物や空中の突起物，あるいは車両側方に存在する物体との距離を高精度に検出する方法が必要である．これまで，駐車操作を支援するセンサとしてカメラや超音波センサなどが使用されているが，画像による障害物認識や高精度で信頼性の高い距離検出は現状難しい．また，超音波センサは分解能的に問題がある．今後は，車両側方における車両と物体間の距離を高精度に検出するセンサとして開発されている，広帯域ミリ波レーダの自動駐車用への利用が有望と考えられる．

（5）センサの安全性・信頼性に関する課題

自動運転車には，非常に高い安全性・信頼性（safety integrity）が求められる．「安全性」は，環境条件や使い方などに対して安全側に動作することである．「信頼性」は，システムが故障しないで設計通り動作することである．

自動運転システムの安全性・信頼性上とくに重要となるのが，外界センサおよび外界認識における安全性・信頼性の確保である．自動運転の安全性について最も重要になるのが，対象物体の未検出と誤検出の問題である．たとえば，前方車両の未検出が発生した場合，ブレーキが作動せず衝突が発生する．また，誤検出が発生した場合，走行中に必要もないのにブレーキがかかってしまう．通常，未検出を低く抑えると誤検出率が高くなり，誤検出を低くすると未検出率が高くなるという相反する関係がある．

自動運転では未検出を低くするため，方式の異なるセンサを組み合わせるセンサフュージョンなどの技術が用いられる．信頼性を高くするために複数のセンサを用いる多重系などの技術が採用される．センサや認識処理装置の故障診断も重要である．

車の走行環境には，画像センサやレーダの検出に影響を与えるものも，多く存在する．たとえば，レーン付近に鏡のような反射物体が存在すると，カメラなどの光学系のセンサは誤った検出を行ってしまう可能性が高い．また，タンクローリーやトラックなどで鏡に近い表面をもった車体の車があり，そこに車が映っているケースでは，カメラによる誤認識防止が課題となっている．このようなややこしいセンシングに関する，システムとしての対策も必要である．

5.2.2　判断・計画に関する技術課題

1.3 節で述べたように，運転機能には思考的機能と反射的機能とがある．思考的機能（大脳的機能）は考えて行動するもので，予測によりルートを決めたり，計画的に時間配分を決めたりして行動するものである．反射的機能（小脳的機能）は，障害物回避などその場で反射的に判断して行動するものである．第 4 章までの技術や事例は主に反射的機能中心のものであったが，今後開発が見込まれるような，市街地など複雑な環境における自動運転システムでは，思考的機能が重要になってくる．代表例を以下に三つ挙げる．

（1）曖昧な対象に対する判断

これまで述べてきた判断の技術は，数式（関数）やルールなど判断論理がはっきりしているものが中心であった．また，4.1.5 項（2）の Google の市街地走行への取り組みの例にもあるように，人間の経験・知識に基づくルールを活用して，より複雑な判断も行われている．しかし，必ずしも判断論理が明確に説明できないようなケースでも，ドライバは状況判断して行動している．たとえば，未舗装道路で白線などのレーンマーカや道路境界線がない道路でも，走行可能なエリアを見つけて（判断して）走行する．これは，道路インフラが十分に整備されていない場所の走行に必要な機能で，3.8節に示したように，ニューラルネットワークによる走行可能領域判定などが研究されている．

他の例として，歩行者，自転車，他車両ドライバの挙動判断がある．彼らがルールに従った明示的な意思表示はしていないときでも，横断・右左折・割り込みなどを行おうとしていると予測できることがある．これはドライバの長年の運転経験や危険な場面の学習から身についているものであり，システムにとっても予防的な運転を行ううえで必要な機能である．

（2）予防的判断

今後重要になるのが，現在は見えていない危険を予測して予防的に対応することである．ドライバは，経験や知識に基づいてさまざまな危険に対する予測を行い，予防的な運転をしている．たとえば，学校の近くの道路を登校・下校時間帯に走行する場合，学童の存在や飛び出しの危険性を考えて状況判断を行い，行動を計画している．その他に，見通し不良の交差点における飛び出しや，場合によっては信号無視や標識無視などの可能性も考慮しなければならない．先を見通すことができないカーブなど，死角になる場所も多く存在する．そのような場所では，「危険がないだろう」ではなく，「危険があるかもしれない」と危険側に考えて行動する必要がある．ただし，すべての危険性を危険側に判断するときわめて低速で走行しなければならない．ドライバは，運転技量などに応じて，自分の責任においてある程度のリスクを覚悟しながら運転していると考えられる．自動運転システムにおいて，低いリスクを覚悟（許容）しながらスマートに運転するというような高度な人間業を実現できるかどうかは，技術的にも倫理的にも難しいところであろう．

（3）効率良い行動の計画

目的地までの経路は，現在でもナビゲーションによって，走行距離が短い，短い時間で目的地に到達できる，燃料消費が少ない，右折などの難しい運転をなるべく少なくする，などの評価関数に応じた経路が選べるようになっている．しかし，ベテランドライバはこれらを組み合わせて最適経路を考えている．走行中も，どの車線を走行するか，どこで右左折などの準備のために車線変更するかなどさまざまな要素を考慮して，走り方を決めている．ベテランのトラックドライバは，燃料消費を少なくするためにカーブや坂道のどこで加速・減速・コースティング（慣性走行）を行うのがよいか判断しながら走行している．たとえば，坂道の頂上の手前では，多少速度が低下しても加速しないで頂上まで走り切り，その後下り坂で自然に加速されるのを待って燃料消費を抑えるような走り方をしている．効率良く走行するためにも，個人の好みに適合するためにも，これらの行動計画を的確に行う必要がある．

（1）〜（3）の課題を車単独で解決するために，3.8節で述べたAIの応用が検討されている．曖昧な物事の判断，予測や推論，学習など人間が知能を使って行っていることを，コンピュータに行わせる技術である．ベテランドライバなど高度な運転技能をもつ人間の能力を活用したり，センシング手段を高度化したりする試みが行われている．AI技術の応用は，これから大いに期待されるところである．

別のアプローチとして，他車両，二輪車，歩行者，道路インフラと協調して課題を解決する試みも，盛んに取り組まれている．たとえば，前方を走行している車の挙動やセンシング情報を後続車に伝えることができれば，後続車のセンシング範囲が大幅に拡大したのと同じ効果が期待できる．見えない曲がり角や死角に存在する歩行者がわかれば，飛び出しによる衝突事故などに対する予防を適切に行うことができる．路車間通信，車車間通信はすでに技術開発されており，自動運転への適用も始まりつつある．歩行者と車との間の歩車間通信は，さまざまなアイデアが試されている段階である．歩行者と車が調和した交通を実現するために有効で，早期の実用化が期待されている．

今後は，人工知能アプローチと協調アプローチを組み合わせて，ドライバにはできないような優れた自動運転システムが実現されることが期待されている．

5.2.3　セキュリティの技術課題

自動運転システムでは，通信を介して外部の情報を取り込み，認知・判断を行ったり，また車載センサや制御データを外部に送信したりする必要がある．万が一，通信を介してハッキングなどにより制御データが改ざんされた場合，ハンドルやブレーキ，アクセルが操作され，きわめて危険な状態が発生する恐れがある．自動運転システムでは，外部からのハッキングに対するセキュリティの確保がきわめて重要な課題である．

図5-4に，車内のネットワーク構成の一例を示す．自動運転システムを構成する主要な装置，たとえば，通信装置，GPS，センサ装置，走行制御ECU，操舵・ブレーキなどのアクチュエータ制御用ECUは，CANとよばれる車内用LANでネットワーク化されている．

車車間通信装置や路車間通信装置，外部サーバとの通信を行う装置などで受信されたデータは，CANを介して走行制御ECUに送信される．ここで，正規の通信データがハッキングなどによって書き換えられると，走行制御ECUは改ざんデータを正

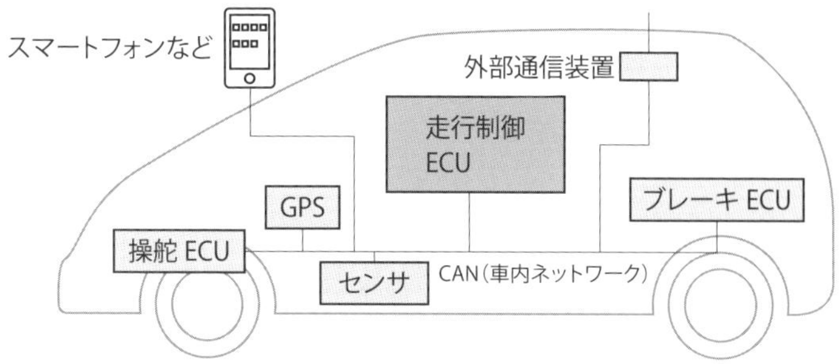

図 5-4 車内のネットワーク構成

規データとみなして制御演算を行う．たとえば，使用するデータが周辺を走行する車両の位置情報だった場合，暴走する可能性がある．

ハッキングなどによるなりすましを防止するため，現在 ICT の分野で広く使用されている技術の適用が考えられている．受信データの送信元を特定する公開鍵による認証や，暗号化を行う SSL 技術などのセキュリティ技術を活用したゲートウェイを設ける方法が開発されている．しかし，車両制御用として使用する場合，非常に高速なデータ通信が行われるとともに，通信環境の変化による通信途絶などに対し，急速な復帰が求められるため，自動運転向けに改良すべき項目があり，まだ実用化には至っていない．

5.2.4 ソフトウェアの技術課題

ソフトウェアの信頼性も重大な課題である．バグがないソフトウェアを作成することはきわめて困難である．国土交通省の資料[3]によれば，我が国では 2012 年から 2016 年までの自動車のリコール件数のうち，プログラムミスが原因のリコール件数が，国産車と輸入車をあわせて平均 6.7%，国産車だけでは平均 5.7% を占めている．実際，Google の自動運転車が 2016 年 2 月に起こした事故の原因は，「かもしれない運転」でプログラムすべきでありながら，「だろう運転」でプログラムした点にあったとされている．

システムは大規模で複雑なソフトウェアを利用する．自動車は長期間利用されるので，機能向上などのためのソフトウェアのアップデートが必要になると考えられる．大量のユーザの自動車を短時間で確実にアップデートできる仕組みが必要であり，修理工場などに持ち込まなくてもできるように，無線通信を用いる OTA（Over The Air）によるアップデートが検討されている．制御機能にかかわることであり，セキュリティを保ちながら，誰がやっても正確に行われるようにするための方式や検証方法などが標準化されようとしている．

5.3 ヒューマンファクタに関する課題

自動化レベル4と5の自動運転では，ヒューマンドライバは車両の運転に関与しないためヒューマンファクタ上の問題は生じない．一方，レベル3以下のシステムでは，ヒューマンドライバが制御ループに含まれるため，ヒューマンファクタに関する課題が生じる．自動化レベル1と2は運転支援システムであり，レベル3は自動運転と手動運転が存在するレベルで，前者と後者を分けて課題を紹介しよう．

5.3.1 運転支援のありかた

レベル1と2の自動運転システムではヒューマンドライバが運転の制御ループ内に含まれており，運転支援のありかたに課題が生じる．近年，ドライバに親切な新しい機能の運転支援システムの商品化が急速に行われており，事故防止に効果があることが実証されているが，一方でこのような新しいシステムがいままで経験しなかった新しい種類の問題を起こしている．

2016年5月にはアメリカ初の自動運転による死亡事故がテスラ車で発生し，2013年11月と2017年4月には我が国で自動車販売店での自動ブレーキ装備車試乗時の事故が発生している．アメリカの事故は，システムの名称「Autopilot」がドライバのシステムに対する過信を招いたのが原因であろう．また，我が国の事故は，試乗したドライバや販売店説明員のシステムに対する誤解または理解不十分が原因であろう．我が国のプロジェクトASV（先進安全自動車）は，支援にあたっては過信と不信を生じさせないというガイドラインを設けている．不信を生じさせるようなシステムは商品化されないが，過信を生じさせるシステムは見過ごされる可能性があり，重大な問題を孕んでいる．実際，テスラ車の事故以後，各国はレベル1と2の自動運転システムに「自動」という表現を使わないように勧告している．日本でも国土交通省と自動車メーカが，レベル1，2を自動運転とはよばず，運転支援とよぶことを2018年に合意・確認した．

カナダの交通心理学者ジェラルド・J・S・ワイルドは，彼の著書『Target Risk 2』（邦訳『交通事故はなぜなくならないか リスク行動の心理学』[4]）でリスク・ホメオスタシス理論を主張している．道路側や車載の安全設備によってドライバが危険のレベルが下がったと認識すると，より危険な運転を行う可能性が生じるが，これはリスク補償行動とよばれている．リスク・ホメオスタシス理論は，このリスク補償行動が生じるメカニズムを説明するもので，この理論では，ドライバは自らがもつリスクの目標水準と知覚された交通状況のリスクを比較して両者が等しくなるように行動を調節する（ホメオスタシスは恒常性という意味）としている．リスク・ホメオスタシス理論には批判も多いが，自動車の安全技術にはおそらくリスク補償行動（負の行動適応）が伴うであろうという指摘がある[5].

5.3.2 自動化レベル 3 に特有の課題

自動化が進んでいる新幹線や航空機（ハイテク旅客機）の自動化レベルは，レベル 3 ということができる．新幹線や航空機は，定常状態では自動運転や自動操縦が行われており，発進・停止時や離着陸時など，必要なときには運転士やパイロットが運転や操縦を行っているからである．しかし，新幹線や航空機で実際に機能しているレベル 3 は，自動運転車では二つの大きな問題がある．

一つの問題は，レベル 3 で自動運転中のヒューマンドライバ（もはや乗客であるが）は，何をするか，何ができるかである．レベル 3 の自動運転の機能によるが，高機能のレベル 3 では，ドライバは居眠りや読書，パソコンを使った仕事などが可能であろう．しかし，あまり機能が高くない場合は，ドライバは自動運転中といえどもシステムの監視を続ける必要がある．これは実は難行苦行で非現実的といわざるを得ない．

もう一つの問題は，自動運転から手動運転への遷移である．自動運転システムの故障時や緊急時には，システムの障害がない部分を用いて道路の路肩に自動停止させるなどの対策が考えられている．しかし，自動運転が突然に停止したとき，たとえドライバがシステムを監視していたとしても，ドライバはすぐには対応できない可能性がある．ドライバが運転可能かどうかの判断が必要で，そのためにはドライバの覚醒度を監視するシステム（ドライバモニタリング）が必要となる．

航空機では，自動操縦中に発生した障害のために手動操縦に遷移したとき，重大な事故が発生した例がある．巡航中にエンジンが故障し，航空機に対してパイロットの対処がまずかったために重大な事故に至った例（墜落は免れた．1985 年中華航空 006 便，B747 型機）や，速度計の故障によって自動操縦が不可能になったときのパイロットの操縦が不適切であったために墜落した例（2009 年エールフランス 447 便，A330 型機）がある．航空機では，上記 B747 型機の場合のように，障害発生から事故に至るまで時間的余裕がある場合があり，この場合は事故を回避することが可能となるが，自動車では時間的余裕が期待できないために事故の回避が困難になる．レベル 3 の乗用車が実用化されつつあるが，このような問題に留意する必要がある．

5.3.3 フェールセーフとフールプルーフの課題

運転支援システムはヒューマンドライバと協力して運転を行うので，両者が補い合う関係が必要である．フェールセーフ（fail safe）は，操作方法を間違えたり，システムに故障が発生したりしても安全が維持できるように工夫することで，ドライバの危険な運転をシステムがカバーしたり，ドライバがシステムのエラーをカバーしたりすることを含む．フールプルーフ（foolproof）は，ドライバが誤った使い方をしようとしても大事に至らないようにする工夫で，以下のような対策が考えられている．

- ドライバの状態をモニタして不安全な使用を制限する．ドライバのモニタの例は4.1.7項に示した．
- 周囲環境から想定される使い方を逸脱していないか判断して，動作を制限する．周囲環境の認識や不適切な使い方の判断は，車両周囲の画像による認識や，自車位置情報と地図を連携した運転ルールの組合せなどで行う．

5.4 非技術的課題

自動運転に関しては技術以外にさまざまな課題がある．それらは制度，社会的受容，個人的受容性，道路インフラなどの環境，ビジネスや普及促進などに関するものである．以下にその概要を述べる．

5.4.1 道路交通制度

（1）ドライバの責任

現在の道路交通制度は，ドライバが責任をもって運転することを前提に成り立っている．1949年ジュネーブで作成された道路交通に関する条約（日本も加盟）の第8.1条では「一単位として運行されている車両又は連結車両には，それぞれ運転者がいなければならない.」と定められた．また，第8.5条では「運転者は，常に，車両を適正に操縦し，又は動物を誘導することができなければならない.」と定められている．1968年ウィーンで作成された道路交通に関する条約（日本は未加盟）では，第8.1条と第8.5条で同様なことが規定されている．日本をはじめ各国の交通法規は，これにならって定められている．自動運転では，ドライバが一時的にしろ永続的にしろ運転ループから外れる．その場合には，これらの条約の解釈の再検討や改定を行う必要があると考えられている．国連の機関である自動車基準調和世界フォーラム（UNECE/WP29）などにおいて，ドライバの責任に関する見直し検討が始まっている．

余談であるが，自動車が世の中に登場した頃のイギリスにおいては，1865年のThe Locomotive Actで「自動車は，運転手，機関員，赤い旗を持って車両の60ヤード前方を歩く者の3名で運用し，車両は人が歩く速度で走行し，赤い旗（またはランタン）を持った人が他の人や騎手に自動車の接近を予告しなければならない」と定められた．これは通称「赤旗法」とよばれ，後の世ではばかげた法律だったといわれている．この法律は1896年に廃止された．技術や社会の進展に応じて法律などの制度面も改定されていく例として語られている．

（2）自動運転車の走行許可

アメリカは自動運転の導入に積極的である．走行できる車やその条件などは各州ごとに定められている．ネバダ州やカリフォルニア州などがとくに積極的で，州の法律で自動運転の実験車が公道を走行できる条件を定めて，公道走行実験を認めている．主要な条件は，安全やシステム状態を監視して対応できる人がいる状態で走行するということである．カリフォルニア州では，メーカの実験走行だけでなく，一般の人が自動運転の車を利用して走行する場合の条件も定めて認めようとしている．車両の条件だけでなく，運転者の条件，事故やトラブルに対して保険をかけるという条件などが盛り込まれる見通しである．

日本でも，自動運転システムを公道で実験するケースが増えてきている．それを安全に行うために，警察庁から「自動走行システムに関する公道実証実験のためのガイドライン」[6]と「遠隔型自動運転システムの公道実証実験に係る道路使用許可の申請に対する取扱いの基準」[7]が発行され，このガイドラインや基準を守れば公道で自動運転システムの実験ができるようになった．

「自動走行システムに関する公道実証実験のためのガイドライン」は，公道実証実験における安全と円滑を図るために留意すべき事項を定めている．要点は以下の通りである．

- 実験車両が道路運送車両の保安基準の規定に適合していること
- 運転者が運転者席に乗車し周囲を監視して，緊急時には安全を確保する操作を行うこと
- 道路交通法をはじめとする関係法令を遵守して走行すること

他に，実施主体の基本的な責務，安全確保措置，ドライバの要件，システムの要件，データ記録，賠償能力の確保，事故時通報，関係機関への連絡などが記されている．

また，「遠隔型自動運転システムの公道実証実験に係る道路使用許可の申請に対する取扱いの基準」は，無人自動走行による移動サービスを想定して，

- 遠隔に存在する運転者が通信を利用して自動車の運転操作を行うことができる
- 遠隔監視・操作者が映像で実験車両の状況を把握し車両内と通話できる

- 一定時間以上通信できない場合は自動的に停車させる
- 1台を1人で遠隔監視・操作することが原則であるが，全車一斉停止などの安全措置がとられれば，1人で複数台の遠隔監視・操作も可能である

ことなどを規定している．他に，安全対策，走行方法，緊急時措置などが記されている．ヨーロッパ各国でも同様に条件を定めて，自動運転の公道における実験ができるようになってきている．

5.4.2 社会の受容性

(1) 社会的効果

自動運転が社会に認められて受け容れられるためには，社会的にみて効果があることが必要条件である．安全性の向上や環境・エネルギーなどの効果があることが実証されて社会から認知されるように，大規模な実証実験などを実施していく必要がある．

(2) 社会適合性

効果があっても，反社会的な面があると社会に認められないため，いくつか懸念されていることがある．一つは，他の手動運転車と調和できるかという問題である．専用道路で自動運転車しか走行しない場面では問題ないが，混在して走行するほうが多いと考えられている．自動運転車の挙動が手動運転車と著しく異なると，事故を誘発することになりかねない．また，隊列走行の隊列が長くなると，他の車の車線変更などに大きな影響を与える．アメリカのネバダ州の公道実験車は，ナンバープレートに「∞」マークを付けて他車両のドライバから認識できるようにしている．隊列走行実験車の公道走行時には，隊列走行中であるという表示を行う車両を前後に随行させている例もある．

車どうしの問題だけでなく，自動運転車と歩行者の問題もある．たとえば，横断歩道や交差点で車が止まった場合，歩行者はドライバの目を見て自分の存在を認識しているかどうかを判断して，横断などの行動を起こすかどうか判断している．自動運転車の場合，ドライバが存在しなかったり運転をしていなかったりすることがあるため，このような歩行者とのコミュニケーションができない．歩行者，他車両のドライバなどの道路利用者とのコミュニケーションが課題である．

自動運転車が精密に制御されることは，一般的には良いことであるが問題もある．多くの自動車が精密に車線中央を走るようになると，同じ場所だけを多くの車が走行するため，道路に轍が発生しやすくなる．これは他の車の走行に悪影響を与えたり，舗装工事が頻繁に必要になるなどの影響が出る可能性がある．

その他に，暴走などの重大事故が起こらないかという不安や，何か問題があったときに誰が責任をとるのかはっきりしていないことを懸念する意見もある．これらの心配から，自動運転車にはドライブレコーダを搭載して環境認識状態や制御状態，ドライバの関与状態などを記録する必要があるといわれている．一方で，これらの記録によってプライバシーが侵害されないかという懸念もある．

5.4.3 個人の受容性

（1）個人の好みや安心感

自分で車を運転していて車酔いする人はいないが，他人が運転する車に乗ると酔ったり不安を感じたりすることがある．これは，走行軌跡や速度変化パターン・タイミングなどが自分の予想・期待と異なり，感覚的に違和感を感じるからである．運転には個人的特性があり，それとシステムの特性がマッチしないと個人的に受容できない．

（2）個人の状態

同一人でも，時と場合によって好みや許容できる運転状態が変わることがある．ドライバや乗客の状態，走行場所によって適応したり，好みを反映したりできるような仕組みを設けておく必要があると考えられる．

5.4.4 道路インフラなどの環境

自動運転を確実に実現するためには，車だけでなく道路インフラなどの走行環境を整えていく必要がある．たとえば，白線を基準に走る自動運転の場合，白線のコントラストは検出性能に大きく影響する．白線がきれいに引かれて維持管理されていることが必要である．分合流部などの白線と点線やゼブラマークなどの引き方がバラバラであると，車はどう行動してよいのか迷ってしまうようなことが発生する．標識なども，車から認識しやすいように改良することが望ましい．これらが標準化されていることも重要である．

自動化レベル 3 以上のシステムは，目の前の状況を直接認識するだけでなく，ドライバに運転機能を渡すのに時間的余裕が必要であり，かなり前方の状況を認識（先読み，プレビュー）する必要がある．たとえば，自動化レベル 3 の短時間後手動切り替え自動運転のシステムでは，ドライバは運転席にいなければならないが，周囲環境を監視している必要はなく，他のことをしていてもよい．システムから要求されたら短時間でバックアップ動作する．この時間は，他のことから運転に戻るという動作を考慮すると，10 秒くらいは必要と考えられている．時速 100 km で走行していると，10 秒で約 270 m 走行する．3 m/s^2（0.3 G）程度のあまり急激でない減速で停止する時間を考慮すると，400 m 程度前方の状況を把握していなければならない．これを車単独で行うことは困難だが，道路インフラが渋滞の有無や分合流部・工事箇所の錯綜度合いなどを検出して車に伝えることができれば，このような先読みが可能になる．

また，走行環境に関する詳細な道路情報（カーブ，車線，分合流部など）と道路交通状況情報（渋滞，停止車両，工事，滑りやすい路面，横風や西日などの外乱など）を，地図（位置情報）とリンクして車に伝えることが有効である．これを実現する情報システムとして，「デジタルインフラストラクチャ」が期待されている．デジタルインフラストラクチャは,「走行環境に関する静的･動的情報のデジタル表現」である．この情報入手は道路インフラだけで行う必要はなく，他車両が自車の状態と目の前の走行環境を認知した結果情報を道路インフラに伝え，その情報を組み合わせることにより走行環境に関する動的情報を得ることができる．このような車車間・路車間の協調が将来の理想型と考えられる．

5.4.5 ビジネスや普及促進

隊列走行などは複数の車がかかわるため，ビジネス面の工夫が必要である．効率良く隊列を構成するために，隊列参加のインセンティブや利益の配分などがリーズナブルである必要がある．2.4.3 項で紹介したヨーロッパの SARTRE は，先頭車をドライバが運転して後続車は自動で追従する．この場合,後続車のメリットが大きいので,先頭車にお金を払って追従するというビジネスモデルが考えられている．

自動運転は社会的効果が期待でき，それを普及させることは社会にとって有益である．自動運転の導入や普及を促進する施策や保険制度の活用なども有効であろう．アメリカでは，混雑時にお金を払うと走行できる HOT（high occupancy / toll）レーンが設置されている．自動運転車は燃料消費などで社会に貢献するので，自動運転車にこの HOT レーンの走行料金を引き下げるようなインセンティブを与えて，普及促進を図る施策が検討されている．

5.4.6 標準・基準・法規

自動運転システムは，多様なシステムの実用化が始まり，提案もされている．それぞれの機能や性能，使い方などが規定されていないと，使う立場でも，製品を提供，運用する立場でも困る．自動化のレベルがはっきり定義されていて，それがドライバに理解されていないと，いざというときに的確な使い方ができない．たとえば，「自動駐車システム」の場合，ボタン一つ押せばあとは全自動でドライバは何もしなくても駐車スペースを探して駐車するシステムと，ドライバが運転席から周囲状況を監視して何かあったら緊急停止させなければならないシステムを勘違いしていたら，重大事故になってしまう可能性がある．システムを開発する立場にとっても，そのシステムに求められる基本要件が明確になっていないと，的確に設計したり効率良く開発したりすることができない．

システムの性能や使い方を規定するものとして標準，基準，法規がある．標準（＝規格：standards）は，システムを秩序化するための「基本的取り決め」であり，通常は任意の規定なので守らなくても罰則はない．規格ともよばれ，試験基準が設けられていて適合していれば明記することができ，ユーザからどういう規格で作られているかわかりやすくなる．基準（industrial rule）は，業界などで合意して取り決めた強制的な規定で，関係者は守る必要がある．違反しても罰則はないが，規格品として流通させることができない．法規（regulations）は，法律による規定で守らなければならず，違反すると罰則がある．

自動運転システムを実用化して利用していくためには，いずれの規定も必要であるが，まず自動化レベルの定義や，それに応じたシステムとドライバの果たすべき基本要件などを標準化する必要がある．基本的性能やドライバとのインターフェースなどの基準も重要である．

自動運転システムの基本要件は，ISO/TC204/WG14（Vehicle Roadway Warning and Control Systems）において標準化が検討されている．基準については，各国・地域の自動車会社の連合体（日本の（一社）自動車工業会など）で検討が始まっている．自動化レベルと関連用語の定義，各自動化レベルにおける車（自動運転システム）とドライバの役割分担，車とドライバのインターフェース（HMI），試験評価方法などの標準化が進められる見込みである．また，これまでに定められた標準の見直しも必要である．

センサ類が危険な状態を検出できない，あるいは機器類が故障して本来の性能が維持できないような問題は，深刻な影響を与える可能性がある．両者をあわせた機能安全という概念が検討されている．自動車用電子機器については，すでに機能安全が検討されて標準化されているが，この標準が策定された時点では自動運転は対象になっていなかった．今後，自動運転の機能安全を含めていく必要があり，検討が始まっている．

テロなどに対する対策も課題である．サイバー攻撃によって自動車が暴走するのではないかという懸念がある．軍事・警察当局は，自動運転車が爆弾テロなどに利用されることや，サイバー攻撃で事故が発生することなどを懸念している．サイバーセキュリティが今後大きな課題になると予想され，各国の運輸省の重要研究テーマになっている．

個別の自動運転車の認証も課題である．自動運転できる場所が限定されたシステムでは，その場所で自動運転を行ってよい車かどうかを判定して走行を許可するような認証が必要になる．たとえば，高速道路が自動運転に対応した情報システムを備えていて，その情報システムを利用しなければ適切な自動運転ができないといった場合，その情報システムに対応した車かどうかを判別して自動運転を許可する，あるいは利用できる自動運転のレベル（自動化レベル）を決定する，というような認証機能が路車双方に必要になるであろう．

5.4.1 項でも述べたが，現在の交通関係法規はドライバが責任をもって車を運転することが前提になっている．自動運転の実用化にあたっては，基本的な考え方と関連法規を自動運転も許容する方向に改定していく必要があり，国連の関係機関などで検討が開始されている．標準・基準・法規は密接に関連するため，相互に協力して情報交換や内容調整を行いながら進めていく必要がある．

5.4.7　自動運転システムにおける倫理上の課題

倫理学の思考実験にトロッコ問題という問題がある．線路を走っているトロッコの制御が不能になり，このままでは前方で作業中の作業員 5 人がトロッコに轢き殺されてしまう．このとき，線路のポイントにいた人物がポイントを切り替えてトロッコを別路線に進入させれば，5 人は確実に助かる．しかし，その別路線で作業をしている別の作業員 1 人は，トロッコに轢かれて確実に死ぬことになる．このときポイントを切り替えるべきか否か，という問題である．

自動運転におけるトロッコ問題の例を示そう．自動運転車の前方右に一組の老夫婦が，前方左に小さな子供を連れた母親がいる．人身事故が避けられないとき，自動運転車は右に行くべきか，左に行くべきかという問題である．

また，別の例を示そう[8]．自動運転中の乗用車が，オートバイと大型トラックに挟まれ，どちらかに衝突することが避けられないとき，オートバイに衝突すればライダーを死に至らしめる可能性があるが乗用車のドライバは死ななくてすむ，逆にトラックに衝突すれば，ライダーは死ななくてすむが，ドライバは死ぬ可能性が生じる．乗用車はどうすればいいか，という問題である．

このようなトロッコ問題に対して，自動運転システムのプログラムを作成するとき，誰がこの決定を行い，誰がそれを承認するのか，というきわめて重大な倫理上の課題が存在する．自動運転の研究開発に従事する多くの研究者や技術者が所属する IEEE（アメリカ電気電子学会）の倫理規定は，人種，宗教，性別，障害，年齢などで人を差別すべきではないと定めている[9]．また，このような倫理上の課題に対してドイツの運輸デジタル・インフラストラクチャ省は，2016 年から法律家，工学者，宗教家，心理学者，自動車業界代表者，消費者団体代表者などからなる倫理委員会を設け，2017 年に 20 項目の倫理規定を述べた報告書を発行している[10]．そこには，事故が避けられない場合，死傷者数を減じるような方式は認められうる，という記述がある．

このような倫理上の課題に対する解はまだ存在しないが，自動化レベル 5 の自動運転の実現にはこの解が必須となる．

5.5 研究開発と実験評価

高度な機能と高い信頼性を必要とする自動運転システムは，その研究開発プロセスと実験評価が大きな課題である．

5.5.1 エンジニアリングモデル

図 5-5 はエンジニアリングモデルとよばれるもので，（社会的な）システムの開発導入プロセスを示している．高いレベルの要件検討から，具体的システムの検討を経て実験評価するプロセスで，そのモデルの形から V 字モデルともよばれる．市場導入後の実績データをフィードバックする流れを追加して，Δ（デルタ）モデルとよばれることもある．

まず，対象課題の中で解決すべき事項を明確にして，それをどのように解決していくかの方針を決める．たとえば，交通事故死者を減らすという課題の場合，交通事故死者とその事故要因を分析し，どのような事故をどういう方法で減らすかという方針を決める．これがコンセプトである．コンセプト策定の具体例は，共著者の保坂の拙書『路車協調でつくるスマートウェイ』を参照していただきたい．自動運転によって

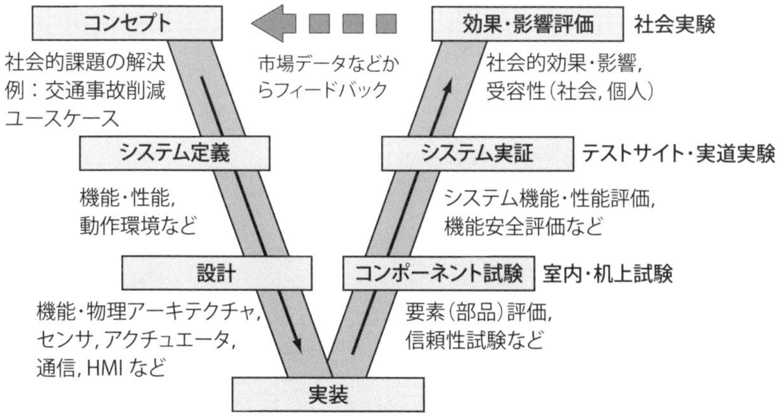

図 5-5 開発のエンジニアリングモデル（V 字モデル）

どのような課題が解決できるかという点は，本書の第1章が参考になる.

引き続き，コンセプトを実現するためのシステムを検討してシステム定義を行う.たとえば，日本で事故が多い追突事故を減らすために，自動ブレーキと自動ステアリング回避を組み合わせるようなシステムを定義する．その適用動作場面（ユースケース）を想定して，検出対象，ブレーキ性能やステアリング動作性能などの目標を決める．ここは，本書の第2章，第4章が参考になる.

システム定義に従って，具体的に使用するセンサ，アクチュエータなどのコンポーネントを決めて，システム・コンポーネント設計を行う．すでにそれを実現する技術が開発されていればよいが，多くの場合はまずその技術の研究開発を行わなければならない．目標とするコンポーネント技術やシステム技術が揃ったら，それを組み合わせてシステムを実装し，実験評価のサイクルに移る．この部分は，本書の第3章が参考になる.

自動運転システムのように複雑・大規模なシステムの場合，まずコンポーネント単位で試験を行い，所定の性能や信頼性が確保されているかどうかを評価する．つぎに，システム実験に移り，システム定義で定めた目標機能と性能が実現できているかどうかを実験評価する．通常，これは実験条件を管理しやすいテストサイトで実施されるが，実際の道路で確認されることもある．最後に，コンセプトで定めた狙いが実現できるかどうかの評価を行う．そのためには，多くの台数のシステムを用意して，FOT（Field Operation Test，社会実験）を行う．FOTでは，システムによる効果評価や影響評価とともに，5.4.2項の社会受容性，5.4.3項の個人受容性なども評価される．実際に世の中に出していくためには，関連する標準・基準・法規などに関して問題ないかどうかのチェックや，認証試験をクリアすることが必要である．開発のそれぞれの段階で基本的方針を決めて設計試作を行い，その結果を評価し，結果をフィードバックするマイナーループが実施される.

ドイツで経済エネルギー省を中心に関係機関が進めているPEGASUSプロジェクトは，自動運転システムの性能水準とその評価手法を明確にして標準化を進める産官学共同のプロジェクトである．目標設定，実験評価，市場実績データのフィードバックを含む全プロセスのあるべき姿を描き，標準として定め，関係機関で共有すべく手法開発，データ収集，体系化を行い，エンジニアリングモデルの具体化を進めている.2019年に一度まとめを行い，その後より具体的詳細な検討と標準策定を行うことが計画されている.

5.5.2 実験評価の課題

自動運転システムの実験評価においてはいくつか課題がある．それを以下に示す.

(1) 効果の評価に長時間かかる

社会的な効果などの評価には長時間の実験が必要である．事故や渋滞などは全国的には頻繁に発生しているが，(実験評価を行う) 特定の場所・エリアではそれほど多くない．特定の場所で特定の事故が年に10件も発生する所は稀である．その稀な例として，首都高速道路の参宮橋カーブは年に数10件の追突事故が発生する事故多発箇所であった．そこに，追突事故を防止する警報システムを導入して効果の割合とその効果が持続されるかどうかを評価するために，7年間事故データを収集して分析した．しかし，事故を半減するという目標に対して，数件の事故しか発生しない場所で1年実験して事故が半数になっても，統計的に信頼できるデータとはいえない．そのような所で実証しようとすると，数10件の事故に対する効果を評価するために，数年，場合によっては10年以上も実験を続けないと統計的に有意な実験評価データが得られないだろう．

このような問題を解決するためには直接事故件数を測定するのでなく，事故につながる主な要因を示す指標を評価することを考えなくてはならない．図1-7で示したように，障害物発見タイミングと事故回避率がわかっていたとする．そのシステムによって障害物を認知するタイミングがどのくらい早くなるかがわかれば，追突事故を回避できる可能性がどれだけ増すかがわかる．この障害物認知のタイミングの変化は，被験者のドライバを，年齢，性別，運転経験など影響しそうな特性をカバーする人数そろえて実験評価することで，短期間に測定できる．このように，直接効果を測るだけでなく，その効果につながる適切な評価指標を設定して，その指標を定量的に測定するような工夫が必要である．

(2) 安全性・信頼性確認に広範囲な実験が必要

自動化レベルの高い自動運転システムは，高い安全性・信頼性が必要である．4.1.5項の例でも示したように，市街地走行を想定した自動運転では非常に多様な場面に安全に対応することが求められる．Googleの自動運転車の例 (4.1.5項 (2) 参照) は，安全に関する2000ものルールを組み込もうとしており，これをそのまま実験評価しようとすると，2000種類の実験が必要ということになる．しかも，それを昼夜などの時刻，季節，天候などのさまざまな条件と組み合わせて実験評価する必要があるかもしれない．これは莫大な数の実験になり，現実的ではない．

車の運転はいろいろな場面でいろいろな挙動をする必要があるが，基本的な挙動は縦・横・交差の三つに集約される．また，ドライバに相当する自動運転システムの基本的機能は，認知，判断＋計画，操作に集約される．これらの基本的機能について最も危険な場面を適切に選ぶことができれば，それより楽なケースをカバーすることができる．さまざまな場面を基本機能や基本挙動に分解してワーストケースを分析して，それを実験評価することにより，実験評価の数を減らすことができると考えられる．多様な場面の安全性を評価する実験には，このような工夫が必要である．

（3）安全性・信頼性確認に長距離の走行が必要

自動運転システムには非常に高い安全性・信頼性が求められる．実際にどれだけの安全性・信頼性が必要かということはまだ定説がないが，多くの関係者は，自動運転システムはヒューマンドライバよりも安全性・信頼性が高くなければならないと考えている．

ドライバの事故統計から，自動運転用機器やシステムに要求されるMTBF（Mean Time Between Failures, 平均発生間隔）を考えてみよう．ここでいうFailuresは，安全性・信頼性が損なわれて事故に至ることを指す．平成29年版交通安全白書[11]によれば，2016年は，我が国の1億走行台kmあたりの交通事故死傷者数（24時間以後の死者を含む）は76.3人，このうち死者数が約0.5人であった．すべての自動車が平均速度50 km/hで走行するものとすると，死傷事故についてのMTBF（1名の死傷事故の平均発生間隔）は約3台年，死亡事故についてのMTBF（1名の死亡事故の平均発生間隔）は約456台年となる．すなわち，1台の自動車については，死亡事故が発生する平均時間間隔は約456年，死傷事故が発生する平均時間間隔は約3年となる．これらの時間は，現行の自動車交通におけるドライバのMTBFと考えることができ，ドライバはきわめて優秀ということができる．高速道路上では事故が少ない（一般道の約1/10）ことを考えると，このMTBFは高速道路上ではさらに長くなる．このことは，ドライバによる運転がきわめて安全であること，自動運転システム（レベル4，5）が安全に寄与することの証明には膨大な距離の試験走行が必要であること，自動運転機器やシステムにはきわめて長いMTBFが要求され，高い安全性・信頼性が要求されることを示している．

現在，世界各国で自動運転車の公道走行実験が行われている．アメリカ合衆国カリフォルニア州運輸省は，州内の公道で走行実験を行っている各社の実験車の走行距離と自動運転解除の回数を公表している[12]．2016年の各社のデータを総計すると，総走行距離は656541マイル（約106万km），自動運転解除の総回数は2578回であり，解除1回あたりの平均走行距離は254.67マイル（約410 km）となる．今後，自動運転システムがドライバより高い安全性・信頼性を実現・実証していくためには大きな努力が必要である．

すべて実車走行実験で安全性・信頼性を評価するのは困難である．安全性・信頼性に関する標準ではシステムを要素に分解し，要素の安全性・信頼性を求める．その影響割合などを組み合わせて，全体の安全性・信頼性を評価して必要なレベルを確保する方法をとっている．自動運転システムについても同様な考え方を導入し，個別のハードウェアやソフトウェアは，HIL（Hardware in the Loop）や SIL（Software in the Loop）などの効率化手法や故障劣化加速環境下での実験（加速試験）などを組み合わせて，短期間に実験評価できる方法を確立していくべきである．その際に，供給者や行政だけでなく，利用者まで含めたすべての関係者が納得・合意できる標準が必要である．

おわりに

自動運転には，依然として技術的および非技術的課題が多く残されているが，着実にその実現に向かって進んでいる．このような状況において，多くの読者の最大の関心は自動運転の実現時期であろう．SAE の自動化レベル 1 と 2 のシステムは，動作条件に制約があるが，すでに商品化され，広く普及している．その安全に対する効果も実証されている．ではレベル 3 以上のシステムの実用化はいつか？　購入可能性（affordability）と受容可能性（acceptability）に加えて，法律や制度，倫理上の課題の解決が自動運転の実用化には必須であるが，ここでは技術的な可能性の面から考えてみたい．

動作条件に制約を設けたレベル 3 の乗用車は，近い将来の発売が予定されている．しかし，本書で述べたようにドライバモニタやヒューマンファクタ上の課題が残されている．

乗用車の自動駐車システムはレベル 4 で，利便性を目的とした短距離，低速の自動運転であるため，早期に商品化される可能性がある．また，過疎地や住宅地における小型車の自動運転や高速道路でのトラックの隊列走行もレベル 4 であるが，これらはすでに公道を含む場所で実証実験が行われており，2030 年頃には実用化されているかもしれない．公道を走行するレベル 4 の一般乗用車の実用化はその後であろう．しかし，走行環境をより限定すればもっと早いかもしれない．

ところが，レベル 5 のシステムの実現時期については不確定である．2014 年にサンフランシスコで開かれたシンポジウムでのアンケート結果は，「2030 年前後に市場に導入される」となっている．一方，一部の自動運転の専門家の間では，遠い将来，おそらく 2075 年頃ではないか，それよりも少し早いかもしれないし，もっと遅くなるかもしれないと予測されている．レベル 5 のシステムは，現在ヒューマンドライバが運転している環境－あらゆる道路環境，交通環境，気象環境など－のもとでの自動運転を実現するシステムであるから，実用化にはきわめて困難な技術的課題の解決が必要である．

自動運転は未来の自動車が目指すべき重要な方向である．自動運転は，自動車の利便性や快適性を向上させるだけでなく，安全，エネルギーや環境面で社会に貢献し，移動困難者に移動手段を提供することができるからである．本書が，自動運転の理解やその技術の研究開発と実用化に役立つことを願っている．

2019 年 3 月　　　　著　者

参考文献

第 1 章

［1］ 内閣府：平成 23 年度交通事故の被害・損失の経済的分析に関する調査報告書，2012

［2］ 警察庁交通局：平成 26 年中の交通事故の発生状況，原付以上運転者の法令違反別交通事故件数の推移 http://www.e-stat.go.jp/SG1/estat/List.do?lid=000001132129

［3］ 朝日新聞：1997.8.25 付け 1 面トップ記事

［4］ 木林和彦ほか：自動車運転中の内因性急死の実態と予防，IATSS Review，Vol.25，No.2，pp.27-32，2000

［5］ 国土交通省道路局：http://www.mlit.go.jp/road/ir/ir-perform/h18/07.pdf

［6］ K. Enke: Possibilities for Improving Safety Within the Driver-Vehicle-Environment Control Loop, 7th International Technical Conference on Experimental Safety Vehicles Proceedings, p.789, 1979

［7］ 牧野浩志・保坂明夫ほか：路車協調でつくるスマートウェイ，森北出版，pp.129-130，2013

［8］ 富士重工業：2016.1.26 付けプレスリリース，スバル アイサイト搭載車の事故件数調査結果について，https://www.subaru.co.jp/press/news/2016_01_26_1794/

［9］ S. Shladover: Highway Capacity Increases from Automated Driving, TRB Workshop on Future of Road Vehicle Automation, Irvine, CA, Jul. 25, 2012

［10］ NEDO：http://www.nedo.go.jp/content/100521801.pdf, p.14（アクセス日 2017 年 7 月 22 日）

［11］ 自動車技術会：自動車技術ハンドブック 3 試験・評価編，自動車技術会編集，p.29，1991

［12］ G.F. Romberg, et al.: Aerodynamics of Race Cars in Drafting and Passing Situations, SAE Paper 710213，1971

［13］ M. Zabat, et al.: Drag Measurements on 2, 3 and 4 Car Platoons, SAE Paper 940421, 1994

［14］ F. Browand, et al.: Aerodynamic Benefits from Close-Following, (Ed. P. Ioannou: Automated Highway Systems, Chapter 12, Plenum Press), 1997

［15］ 高速道路調査会：SE-2000 新高速道路システムに関する調査報告書，1993

［16］ 国土交通省国土技術政策総合研究所：道路環境影響評価等に用いる自動車排出係数の算定根拠（平成 22 年度版），国総研資料第 671 号，2012

［17］ SAE International: Taxonomy and Definitions for Terms Related to Driving Automation Systems for On-Road Motor Vehicles, SAE Standard J3016-SEP2016, 2016

［18］ 自動車技術会：自動車用運転自動化システムのレベル分類及び定義，テクニカルペーパ JASO TP 18004，2018

［19］ SAE Internationa: Taxonomy and Definitions for Terms Related to Driving Automation Systems for On-Road Motor Vehicles, SAE Standard J3016-JUN2018, 2018

［20］ GM：2018.1.16 付けプレスリリース，初の自動運転量産車「クルーズ AV」の 2019 年実用化を発表，https://media.gm.com/media/jp/ja/gm/news.detail.html/content/Pages/news/jp/ja/2018/jan/0113-gm.html

第2章

[1] F. Kroeger: Automated Driving in Its Social, Historical and Cultural Contexts, (M. Maurer, et al. (Eds.): Autonomous Driving Technical, Legal and Social Aspects, Springer, pp.41-68), 2016
[2] L.E. Flory, et al.: Electric Techniques in a System of Highway Vehicle Control, RCA Review, Vol.23, No.3, pp.293-310, 1962
[3] H.M. Morrison, et al.: Highway and Driver Aid Developments, SAE Trans. Vol.69, pp.31-53, 1961
[4] R.E. Fenton, et al.: One Approach to Highway Automation, Proc. IEEE, Vol.56, No.4, pp.556-566, 1968
[5] P. Drebinger, et al.: Europas Erster Fahrerloser Pkw, Siemens-Zeitschrift, Vol.43, No.3, pp.194-198, 1969
[6] Y. Ohshima, et al.: Control System for Automatic Automobile Driving, Proc. IFAC Tokyo Symposium on Systems Engineering for Control System Design, pp.347-357, 1965
[7] 堺司ほか：自動車無人走行実験システム，日産技報，第22号，pp.38-47, 1986
[8] 大西謙一ほか：悪路走行の高信頼自動操縦システム開発，自動車技術会学術講演会前刷集 No.921，Vol.3，pp.21-24，1992
[9] 岡並木：これからのクルマと都市の関係，ダイヤモンド社，1985，(pp.212-213)
[10] S. Tsugawa, et al.: An automobile with Artificial Intelligence, Proc. IJCAI 1979, pp.893-895, 1979
[11] 谷田部照男ほか：ビジョンシステムをもつ車両の自律走行制御，計測と制御，Vol.30，No.11，pp.1014-1028，1991
[12] R. Terry, et al.: Obstacle Avoidance on Roadways using Range Data, SPIE Vol.727 Mobile Robots, 1986
[13] C. Thorpe, et al.: Vision and Navigation The Carnegie Mellon Navlab, Kluwer Academic Publishers, 1990
[14] M. Juberts, et al.: Vision-Based Vehicle Control for AVCS, Proc. IEEE Intelligent Vehicles '93 Symposium, pp.195-200, 1993
[15] V. Graefe: Vision for Intelligent Road Vehicles, Proc. IEEE Intelligent Vehicles '93 Symposium, pp.135-140, 1993
[16] 保坂明夫：自動運転の実験Ⅱ－自律走行車 PVS（Personal Vehicle System）とその走行実験，自動車技術会シンポジウム　Smart Vehicle の開発，現状と課題－ドライバのいらない自動車をめざして，pp.43-49，1992
[17] B. Ulmer: VITA II - Active Collision Avoidance in Real Traffic, Proc. the Intelligent Vehicles '94 Symposium, pp.1-6, 1994
[18] E.D. Dickmanns, et al.: Recursive 3D Road and Relative Ego-State Recognition, IEEE Trans. PAMI, Vol.14, No.2, pp.199-213, 1992
[19] R. Behringer, et al.: Results on Visual Road Recognition for Road Vehicle Guidance, Proc. IEEE Intelligent Vehicles '96 Symposium, pp.415-420, 1996
[20] R. Rajamani, et al.: Demonstration of Integrated Longitudinal and Lateral Control for the Operation of Automated Vehicles in Platoons, IEEE Trans. Control Systems Technology, Vol.8, No.4, pp.695-708, 2000
[21] 上田敏ほか：自動運転道路システムの開発，電気学会道路交通研究会，論文番号 RTA-96-13，

1996
[22] S. Kato, et al.: Vehicle Control Algorithms for Cooperative Driving with Automated Vehicles and Inter-Vehicle Communications, IEEE Transactions on Intelligent Transportation Systems, Vol.3, No.3, pp.155-161, 2002
[23] R. Gregg and B. Pessaro: Vehicle Assist and Automation (VAA) Demonstration Evaluation Report, FTA Report No.0093, US Department of Transportation, Federal Transit Administration, Jan. 2016
[24] S. Tsugawa, et al.: A review of Truck Platooning Projects for Energy Savings, IEEE Transactions on Intelligent Vehicles, Vol.1, No.1, pp.68-77, 2016
[25] R.M. Yerkes and J.D. Dodson: The Relation of Strength of Stimulus to Rapidity of Habit-formation, Journal of Comparative Neurology and Psychology, Vol.18, No.5, pp.459-482, 1908
[26] HAVEit: Final Report, 2011
[27] E. Coelingh, et al.: Collision Warning with Full Auto Brake and Pedestrian Detection -a practical example of Automatic Emergency Braking, Proc. IEEE ITSC 2010, pp.155-160, 2010
[28] Waymo: On the Road to Fully Self-Driving, Oct. 2017
[29] J. Ziegler, et al.: Making Bertha Drive? An Autonomous Journey on a Historic Route, IEEE Intelligent Transportation Systems Magazine, Vol.6, No.2, pp.8-20, 2014
[30] 三輪修三：工学の研究と教育について，日本機械学会，https://www.jsme.or.jp/dmc/Message/Miwa.html

第3章

[1] BeiDou Navigation Satellite System: http://en.beidou.gov.cn/
[2] Indian Space Research Organisation: Satellite Navigation, https://www.isro.gov.in/spacecraft/satellite-navigation
[3] 田中敏幸：GPS 測位とその高精度化，計測と制御，Vol.48，No.4，pp.353-358，2006
[4] JAXA 宇宙利用ミッション本部 衛星利用推進センター 五味淳：準天頂衛星初号機「みちびき」の技術実証，宇宙利用ミッションシンポジウム 2012
http://www.satnavi.jaxa.jp/news/event/pdf/121018_doc_04.pdf
[5] NEDO：エネルギー ITS 推進事業報告書 2012 年度
[6] （一財）機械振興協会：ステレオカメラによる運転支援システム，第 10 回新機械振興賞受賞者業績概要，富士重工業株式会社・日立オートモティブシステムズ株式会社，http://www.jspmi.or.jp/system/file/3/1105/n10-1.pdf，2013
[7] 辻孝之ほか：夜間の歩行者認知支援システムの開発，自動車技術会論文集，Vol.37, No.1, pp.185-190，2006
[8] 牧野浩志・保坂明夫ほか：路車協調でつくるスマートウェイ，森北出版，pp.103-110，2013
[9] M. Nakamura, et al.: Road Vehicle Communication System for Vehicle Control Using Leaky Coaxial Cable, IEEE Communications Magazine, Vol.34, No.10, pp. 84-89, 1996
[10] 松本俊哲ほか：自動車総合管制システム，信学誌，Vol.62，No.8，pp.870-887，1979
[11] H. Fujii, et al.: Experimental Research on Inter-Vehicle Communication using Infrared Rays，Proc. IEEE Intelligent Vehicles Symposium，pp.266-271, 1996
[12] 藤井治樹：車々間通信技術，自動車技術，Vol.52，No.2，pp.71-74，1998

[13] ITS 情報通信システム推進会議：5.8GHz 帯を用いた車車間通信システムの実験用ガイドライン，ITS FORUM RC-005，2007
[14] 電波産業会：700MHz 帯高度道路交通システム，ARIB STD-T109，2012
[15] U. Franke, et al.: Truck Platooning in Mixed Traffic，Proc. IEEE Intelligent Vehicles Symposium, pp.1-6, 1995
[16] A. Cochran: AHS Communications Overview，Proc. IEEE Conference on ITS, pp.47-51, 1997
[17] S. Shladover: Review of the State of Development of Advanced Vehicle Control Systems (AVCS), Vehicle System Dynamics, Vol.24, pp.551-595, 1995
[18] 津川定之：自動運転システムにおける制御アルゴリズム，自動車技術，Vol.52，No.2，pp.28-33，自動車技術会，1998
[19] Y. Ohshima, et al.: Control System for Automatic Automobile Driving, Proc. IFAC Tokyo Symposium on Systems Engineering for Control System Design, pp.347-357, 1965
[20] 橘彰英ほか：コンピュータビジョンによる自動運転システム－白線検出による車両制御法，自動車技術会学術講演会前刷集 No.924，pp.157-160，1992
[21] H. Inoue, et al.: Technologies of Nissan's AHS Test Vehicle, Proc. 3rd ITS World Congress, 1996
[22] 毛利宏ほか：LQ 制御を用いた車線の自動追従走行の検討－第 1 報：直線走行時の制御について，自動車技術会学術講演会前刷集 No.972，pp.45-48，1997
[23] J.K. Hedrick, et al.: Control Issues in Automated Highway Systems, IEEE Control Systems, December 1994, pp.21-32, 1992
[24] 古荘裕之ほか：LQ 制御を用いた車線の自動追従走行の検討－第 2 報：曲線走行時の制御について，自動車技術会学術講演会前刷集 No.972，pp.49-52，1997
[25] T. Fukao, et al.: Preceding Vehicle Following Based on Path Following Control for Platooning, Preprints of the 7th IFAC Symposium on Advances in Automotive Control, pp.47-51, 2013
[26] 深尾隆則ほか：自動運転のための制御アルゴリズム，電気学会誌，Vol.135，No.7，pp.429-432，2015
[27] A. Hattori, et al.: Driving control system for an autonomous vehicle using multiple observed point information, Proceedings of Intelligent Vehicles '92 Symposium, pp.207-212, 1992
[28] D.A. Pomerleau: Neural Networks for Intelligent Vehicles, Proc. IEEE Intelligent Vehicles '93 Symposium, pp.19-24, 1993
[29] 津川定之ほか：自律車両の操舵アルゴリズム，システム制御情報学会論文誌，Vol.2，No.10，pp.360-362，1989
[30] S. Kato, et al.: Visual Navigation along Reference Lines and Collision Avoidance for Autonomous Vehicles, Proc. IEEE Intelligent Vehicles '96 Symposium, pp.385-390, 1996
[31] W. Chee, et al.: Lane Change Maneuver for AHS Application, Proc. International Symposium on Advanced Vehicle Control 1994, pp.420-425, 1994
[32] T. Jochem, et al.: Vision Guided Lane Transition, Proc. IEEE Intelligent Vehicles '95 Symposium, pp.305-35, 1995
[33] S. Kato, et al.: Lane-Change Maneuvers for Vision-Based Vehicle, Proc. 1st IEEE ITS Conference, 1997

[34] 藤岡健彦ほか：ラテラルプラトゥーンの制御方式に関する研究，自動車技術会論文集，Vol.28，No.2, pp.109-114，1997
[35] 橘彰英ほか:インフラ協調型自動運転システム，日本機械学会第 5 回交通･物流部門大会論文集，No.96-51，pp.243-246，1996
[36] T. Sugimachi, et al.: Autonomous Driving Based on LQ Path Following Control and Platooning with Front and Rear Information, Proc. 17th ITS World Congress, 2010
[37] T. Watanabe, et al.: Development of an Intelligent Cruise Control System, Proc. 2nd World Congress on ITS, pp.1229-1235, 1995
[38] 大前学：ACC(車間距離制御装置) と CACC(通信利用協調型車間距離制御装置) のアルゴリズム，電気学会誌，Vol.135，No.7，pp.433-436，2015
[39] 日高健ほか：ACC を活用した高速道路サグ部の交通流円滑化，自動車技術会論文集，Vol.44，No.2，pp.765-770，2013
[40] M. Omae, et al.: Spacing Control of Cooperative Adaptive Cruise Control for Heavy-Duty Vehicles, Preprints of the 7th IFAC Symposium on Advances in Automotive Control, pp.58-65, 2013
[41] A. Uno, T. Sakaguchi, and S. Tsugawa: A Merging Control Algorithm based on Inter-Vehicle Communication, Proceedings of IEEE/IEEJ/JSAI International Conference on Intelligent Transportation Systems, pp. 783-787, 1999
[42] U. Ozguner, T. Acarman, and K. Redmill: Autonomous Ground Vehicles, ARTECH HOUSE, 2011, pp.198-199
[43] T. Gindele, et al.: Design of the planner of Team AnnieWAY's autonomous vehicle used in the DARPA Urban Challenge 2007, Proc. 2008 IEEE Intelligent Vehicles Symposium, pp.1131-1136, 2007
[44] J. Ziegler, et al.: Making Bertha Drive? An Autonomous Journey on a Historic Route, IEEE Intelligent Transportation Systems Magazine, Vol.6, No.2, pp.8-20, 2014
[45] Waymo: On the Road to Fully Self-Driving, Oct. 2017, pp.8-9
[46] I. Kageyama, et al.: Control Algorithm for Autonomous Vehicle with Risk Level, Proceedings of the Second World Congress on Intelligent Transport Systems, Vol.3, pp.1284-1288, 1995
[47] ポンサトーン・ラクシンチャラーンサク：リスクポテンシャル予測による自動車の障害物回避運動制御，計測と制御，Vol.54，No.11，pp.820-823，2015
[48] H.E. Im, et al.: Construction of Control Algorithm for an Autonomous Vehicle, Journal of Robotics and Mechatronics Vol.13, No.4, pp.387-394, 富士技術出版，2001
[49] 松實良祐：リスクポテンシャル推定に基づく自律型衝突回避システムに関する研究，東京農工大大学院博士学位論文，pp.1-156，2014
[50] Stanford University: Shelley, Stanford's robotic racecar, hits the track, Stanford News, http://news.stanford.edu/news/2012/august/shelley-autonomous-car-081312.html, 2012
[51] ワブコ：2014/2015 WABCO Europe BVBA, EBS3 Electronic Braking System-System Description, http://inform.wabco-auto.com/intl/pdf/815/02/08/8150102083.pdf, 2015，(p.21, p.27)
[52] 総務省：平成 28 年版情報通信白書，pp.233-234，2017
[53] 人工知能学会：What's AI，http://www.ai-gakkai.or.jp/whatsai/
[54] 杉村領一：人工知能の技術動向，自動車技術，Vol.71，No.5，pp.18-23，2017

[55] 大野宏司ほか：ニューラルネットによる自動車用自動ブレーキ制御法，日本機械学会ロボティクス・メカトロニクス講演会 '93 講演論文集，pp.114-115，1993
[56] 大野宏司：ニューラルネットワークによるドライバの認知判断操作のモデル化，豊田中央研究所 R&D レビュー，Vol.33，No.3，pp.85-92，1998

第4章

[1] D.A. Pomerleau：Neural Networks for Intelligent Vehicles, Proceedings of the Intelligent Vehicles Symposium '93, pp.19-24, 1993
[2] 国土交通省 ASV：http://www.mlit.go.jp/jidosha/anzen/01asv/index.html
[3] DARPA：http://archive.darpa.mil/grandchallenge/docs/Urban_Challenge_Team_Welcome_Meeting.pdf
[4] Waymo: https://waymo.com/press/
[5] S. Kato, et al.: Vehicle Control Algorithms for Cooperative Driving with Automated Vehicles and Inter-Vehicle Communications, IEEE Transactions on Intelligent Transportation Systems, Vol.3, No.3, pp.155-161, 2002
[6] 東昭：生物の動きの事典，朝倉書店，1997，(pp.108-109)
[7] 東昭：生物の動きの事典，朝倉書店，1997，(p.217，p.227)
[8] H. Ueno, et al.: Development of Drowsiness Detection System, 1994 Vehicle Navigation & Information Systems Conference Proc., pp.15-20, 1994
[9] 西日本鉄道：鉄道事業本部　安全報告書（平成 26 年）
http://www.nishitetsu.co.jp/safety/index.html
[10] 国土交通省：ドライバ異常時対応システム(減速型)基本設計書，https://www.mlit.go.jp/common/001124853.pdf，2018
[11] 国土交通省：http://www.mlit.go.jp/road/ir/ir-council/autopilot/
[12] 国土交通省：次世代 ITS に関する勉強会 とりまとめ，2012 年，http://www.mlit.go.jp/common/000205762.pdf
[13] 岡並木：これからのクルマと都市の関係，ダイヤモンド社，1985，(pp.212-213)
[14] A. Alessandrini and P. Mercier-Handisyde: CityMobil2 booklet "Experience and recommendations", 2016
[15] CityMobil Final Brochure: CityMobil Advanced Transport for the Urban Environment, 2011
[16] Jpbazard: https://commons.wikimedia.org/wiki/File:Navettes_%C3%A9lectriques_exp%C3%A9rimentales_sans_chauffeur_du_programme_CityMobil2_(2).JPG, CC BY-SA-3.0,2.5,2.0,1.0
[17] 中村英夫ほか：トンネル照明灯具清掃車の運転操作支援システム開発(第 2 報)，JARI Research Journal 20160705，2016
[18] BBC future: Can brain scans help make cars safer?，http://www.bbc.com/future/story/20140721-the-car-that-corrects-bad-driving
[19] 安達和孝ほか：低速域四輪操舵制御手法の一考察，日産技報論文集，1992 年 6 月号，1992

第5章

[1] 国土交通省関東地方整備局：http://www.ktr.mlit.go.jp/takasaki/GunmaJutai_sogaiyouinkasyo002.html

〔2〕 D.A. Pomerleau: Neural Networks for Intelligent Vehicles, Proceedings of the Intelligent Vehicles Symposium '93, pp.19-24, 1993
〔3〕 国土交通省自動車局：平成 28 年度リコール届出内容の分析結果について，平成 30 年 3 月，pp.44-45，2017
〔4〕 G.J.S. ワイルド著（芳賀繁訳）：交通事故はなぜなくならないか，新曜社，2007
〔5〕 芳賀繁：安全技術では事故を減らせない－リスク補償行動とホメオスタシス理論，信学技報，Vol.109, No.151, SSS2009-8, pp.9-11, 2009
〔6〕 警察庁：自動走行システムに関する公道実証実験のためのガイドライン，https://www.npa.go.jp/koutsuu/kikaku/gaideline.pdf
〔7〕 警察庁：「遠隔型自動運転システムの公道実証実験に係る道路使用許可の申請に対する取扱いの基準」の策定について（通達），https://www.npa.go.jp/laws/notification/koutuu/kouki/290601koukih92.pdf
〔8〕 S. Shladover: Cooperative (Rather Than Autonomous) Vehicle-Highway Automation Systems, IEEE Intelligent Transportation Systems Magazine, Spring 2009, pp.10-19, 2009
〔9〕 IEEE: Code of Ethics, https://www.ieee.org/about/corporate/governance/p7-8.html
〔10〕 Federal Ministry of Transport and Digital Infrastructure of Germany: Ethics Commission Automated and Connected Driving, Jun. 2017
〔11〕 内閣府：平成 29 年版交通安全白書，p.29，2017
〔12〕 Department of Motor Vehicles, State of California: Autonomous Vehicle Disengagement Reports 2016, https://www.dmv.ca.gov/portal/dmv/detail/vr/autonomous/disengagement_report_2016

さくいん

さ 行

た 行

な 行

は 行

ま 行

著者紹介

■保坂　明夫

1970年3月，横浜国立大学工学部電気工学科卒業．同年4月に日産自動車に入社し，エンジン電子制御や安全運転支援技術の研究開発に従事した．その後，1987年より自律方式自動運転車PVSの研究開発を推進した．1995年より建設省の自動運転システムAHSの研究開発に従事し，1995年の土木研究所テストコースおよび1996年の上信越自動車道の実験車の電子制御システム開発を担当した．1996年より技術研究組合走行支援道路システム開発機構（AHSRA）にて路車協調方式の自動運転・運転支援システムの研究開発に従事した．2010年からは，一般財団法人 道路新産業開発機構（HIDO）にて運転支援・自動運転関係の調査研究に従事した．また1995年より，ITS関係の標準化を進めているISO/TC204のWG14（走行制御分科会）の国際エキスパートとして，ACCなどの運転支援システムや自動運転システムの国際標準化を推進してきた．2018年HIDO退職．

■青木　啓二

1971年3月，日本大学理工学部電気工学科卒業．同年4月にトヨタ自動車入社．1992年まで同社東富士研究所にてエンジン電子制御システムの開発業務に従事後，1992～1997年，同社研究部にて自動運転車の研究開発を担当．この間，1996年，上信越自動車道の未供用区間を利用して実施された自動運転実証実験用の自動運転車の開発を担当するとともに，1997年，アメリカ合衆国運輸省主催にてサンディエゴ市で実施された「I-15　自動運転デモ」用の自動運転車の開発を担当．1998年より同社IT･ITS企画部にて自動運転バス「トヨタIMTS」の開発を担当し，2004年「愛･地球博」用の実用化開発に従事．2008年に一般財団法人 日本自動車研究所に出向し，2008～2012年NEDO「エネルギーITS推進事業」の，自動運転・隊列走行技術の開発を担当．2014年，先進モビリティ（株）代表取締役に就任．

■津川　定之

1973年3月，東京大学大学院工学研究科計数工学専修博士課程修了，工学博士．東京大学工学部助手を経て同年7月に通商産業省工業技術院機械技術研究所に入所以来，今日に至るまで自動運転システムとその要素技術の研究に従事してきた．1970年代は，知能自動車の開発に従事し，マシンビジョンによる自動運転システムを世界で初めて実現した．1980年代にはナビゲーション機能を追加し，出発地から目的地まで自律走行する自動運転システムの走行実験を行った．また，1980年代初めより車車間通信の研究を継続し，2000年には車車間通信による協調走行システムの実験を行った．2003年に名城大学理工学部教授に着任し，研究・教育を継続してきた．2000年代より，独立行政法人 新エネルギー・産業技術総合開発機構（NEDO）のプロジェクトで高齢者のための運転支援システムの研究を行い，2007年に経済産業省エネルギーITS研究会の座長を務め，続けて2008～2012年にNEDO「エネルギーITS推進事業」のプロジェクトリーダを務めた．その間，2008～2010年にIEEE（アメリカ電気電子学会）ITSソサエティでBOG（理事）を務めた．2015年名城大学退職．1992年 計測自動制御学会論文賞蓮沼賞受賞．1999年 科学技術庁長官賞研究功績者表彰受賞．

著　者　略　歴

保坂　明夫（ほさか・あきお）
元・日産自動車（株）電子研究所 主幹研究員

青木　啓二（あおき・けいじ）
先進モビリティ（株）代表取締役

津川　定之（つがわ・さだゆき）
元・名城大学理工学部情報工学科 教授
工学博士

編集担当　千先治樹（森北出版）
編集責任　富井　晃（森北出版）
組　　版　ビーエイト
印　　刷　創栄図書印刷
製　　本　　同

自動運転（第2版）
— システム構成と要素技術 —

2015年 7月31日　第1版第1刷発行
2017年 6月30日　第1版第3刷発行
2019年 5月27日　第2版第1刷発行
2020年 8月14日　第2版第2刷発行

著　　者　保坂明夫・青木啓二・津川定之
発 行 者　森北博巳
発 行 所　**森北出版株式会社**
東京都千代田区富士見 1-4-11（〒 102-0071）
電話 03-3265-8341 ／ FAX 03-3264-8709
https://www.morikita.co.jp/
日本書籍出版協会・自然科学書協会　会員
JCOPY ＜（一社）出版者著作権管理機構　委託出版物＞

落丁・乱丁本はお取替えいたします.

Printed in Japan ／ ISBN978-4-627-67462-2